教育部人文社科研究项目（14YJC630199）资助

环境治理导向的 北京生态预算研究

● 张艳秋◎著

ECO—BUDGET ORIENTED BY ENVIRONMENTAL GOVERNANCE: EVIDENCE FROM BEIJING

U0227071

经济管理出版社
ECONOMY & MANAGEMENT PUBLISHING HOUSE

图书在版编目（CIP）数据

环境治理导向的北京生态预算研究／张艳秋著. —北京：经济管理
出版社，2019.1
ISBN 978-7-5096-6359-2

Ⅰ.①环…　Ⅱ.①张…　Ⅲ.①城市环境—生态环境—环境综合整
治—研究—北京　Ⅳ.①X321.210.22

中国版本图书馆 CIP 数据核字（2019）第 018069 号

组稿编辑：丁慧敏
责任编辑：丁慧敏
责任印制：梁植睿
责任校对：王淑卿

出版发行：经济管理出版社
　　　　　（北京市海淀区北蜂窝 8 号中雅大厦 A 座 11 层　100038）
网　　址：www. E-mp. com. cn
电　　话：(010) 51915602
印　　刷：北京晨旭印刷厂
经　　销：新华书店
开　　本：720mm×1000mm /16
印　　张：13.25
字　　数：126 千字
版　　次：2019 年 4 月第 1 版　　2019 年 4 月第 1 次印刷
书　　号：ISBN 978-7-5096-6359-2
定　　价：48.00 元

前　言

　　随着我国经济的高速发展，城市化进程不断加快。然而，与城市同时扩张蔓延的是以城市为中心的资源浪费与环境污染问题日趋严重，这无时无刻不威胁着人类的生存和发展。党和国家也意识到因经济发展而付出的沉重代价，日益重视生态文明建设，并将其纳入国家重要发展战略，因此，当前急需有效的环境治理方法来缓解严重的生态问题。欧洲一些国家通过交流环境管理经验，创造性地提出了生态预算的环境治理模式，并在部分城市成功试行，这对于我国城市环境治理有重大启示与借鉴意义。如何结合我国国情并借鉴国外经验提出适合的生态预算模式并有效落地实施将是我国环境治理的有效途径。本书选取了北京这一能够在政策、环境技术和功能定位上为生态预算试行提供支持的特定区域，通过对生态经济学、平衡预算理论和循环管理理论的研究，结合目前国内外生态预算的研究现状，借鉴已经成功执行生态预算的欧亚部分国家和城市的实践经验，结合实地调查和相关公告数据来设计北京及其生态涵养发展区的生态预算试行方案，并在此基础上分析了试行生态预算方案可能的问题，同时，就这些问题解决提出建议，以期为生态预算在我国其他城市的进一步推广奠定基础，为生态文明建设提供一个可行的环境管理方法。

目 录

1

绪　论

1.1 选题背景与研究意义

1.1.1 选题背景

近年来，随着全球资源环境问题日益严峻，资源节约、环境保护与生态文明建设被提到前所未有的高度。从20世纪80年代开始，西方国家就全面开展环境管理活动，因为，当时它们一味地追求经济发展，忽略了由此产生的严重的自然资源和生态环境问题，使得生态平衡被打破。1992年在巴西里约热内卢召开了联合国环境与发展会议，会议通过了《21世纪议程》（Local Agenda 21，简称 LA 21），正式将协调经济发展与环境保护生态资源写入议程，各国政府开始关注环境管理问题；欧盟制定环境管理与审计计划（EU-Environmental Management and Audit Scheme，简称 EMAS），用于评估欧洲经济区域的公司和组织，激励其提高环境绩效，而后，国际标准化组织环境管理标准化技术委员会正式颁布了国际标准《环境管理体系规范及使用指南》（ISO14001），并将其纳入 EMAS。为了使各国城市合理管理环境资源的开发利用，地区可持续发展国际理事会（International Council for Local Environmental Initiatives，简称 ICLEI）借鉴了财政预算的程序和原理，首次提出生态预算，1994年召开第一次欧洲可持续城镇大会，并首次将生态预算写进章程，在 1996 年的第二次可持续城镇运动上正式认可了生态预算，而且欧洲的一些城市开始使用该方法，试图探索出一条环境管理的有效途径。

生态资源和环境管理问题也日益受到我国政府的高度重视。2003 年中共十六届三中全会上提出科学发展观，追求以人为本、全面、协调、可持续的发展。2005 年中共十六届五中全会提出构建资源节约型和环境友好型社会，强调不可片面追求经济发展，要与人口、资源、环境相协调。2006 年第十届全国人民代表大会第四次会议通过了"推进形成主体功能区"的提案，建立优化开发、重点开发、限制开发、禁止开发四类主体功能区。2011 年中央财政正式设立国家重点生态功能区转移支付财政资金，提高对生态建设项目的资金投入。2012 年党的十八大报告将"大力推进生态文明建设"单列一章作重点阐述，提出"努力建设美丽中国，实现中华民族永续发展"。2013 年中共十八届三中全会通过了《中共中央关于全面深化改革若干重大问题的决定》。2015 年 5 月发布了《中共中央国务院关于加快推进生态文明建设的意见》，2015 年 9 月中央政治局会议审议通过了《生态文明体制改革总体方案》，在中共十八届五中全会上提出深化生态文明体制改革，加快建立和完善生态文明制度，推进美丽中国建设，并在"十三五"规划中将增强生态文明建设首度写入国家五年规划。2018 年 3 月 11 日，第十三届全国人民代表大会第一次会议通过的宪法修正案，将《中华人民共和国宪法》第八十九条

"国务院行使下列职权"中第六项"（六）领导和管理经济工作和城乡建设"修改为"（六）领导和管理经济工作和城乡建设、生态文明建设"。我国政府之所以越来越重视生态文明建设，强调绿色发展，主要是因为改革开放以来，在城市化发展过程中，中国虽然借鉴了西方国家的发展教训，改变传统经济粗放型发展模式，走新型工业化道路，但是一系列生态和环境问题仍接踵而至，经济快速发展背后付出了巨大代价：资源约束趋紧、环境污染严重、生态系统退化。

而作为中国首都的北京，在改革开放浪潮中的发展更是日新月异，然而我们也发现，这座城市变得越来越拥挤：常住人口已由 1978 年的 871.5 万人飙升至 2017 年的 2170.7 万人；由于经济发展导致大规模开发资源并忽视环境综合治理，能源消耗不断增大，环境污染严重，特别是空气质量恶化，区域生态承载压力越来越大，生态环境问题日益突出，城市环境管理面临巨大的压力，生态环境治理迫在眉睫。北京市政府出台的《北京城市总体规划（2004~2020 年）》，将北京的发展定位为国家首都、国际城市、宜居城市和文化名城，将整个城市划分为首都功能核心区、城市功能拓展区、城市发展新区和生态涵养发展区四大功能区，其中生态涵养区主要包括门头沟区、怀柔区、平谷区、密云区和延庆区，该区域土地面积为 11259.3 平方公里，占全市面积的 68%；2017 年，生态涵养区常住人口为 266.4 万，占全市常住人口的 12.3%。生态涵养区属于限制和禁止开发区域，具备优越的生态环境、丰富的自然资源，人口密度较低，是首都的生态屏障、重要的饮用水源基地和北京可持续发展的支撑区域，生态环境问题更需要有效的治理和保护，北京市政府极其关注和支持该区域的生态文明建设。2018年11月5日北京市发布《关于推动生态涵养区生态保护和绿色发展的实施意见》，出台16项政策措施加强生态涵养区生态保护，促进绿色发展。生态预算是一种随着时代发展创新而产生的政府环境管理模式，从事前控制、事中监督与事后评价三个维度全面治理环境问题，保护自然资源，能够突破现行生态环境部门分割式管理瓶颈，为城市环境治理带来了新的思路。

1.1.2 研究意义

本书在系统梳理和分析国内外生态预算的理论和实践经验的基础上，基于对北京市及其生态涵养区的调研并结合我国国情，尝试设计出北京及其生态涵养区的生态预算方案，并进一步增强研究成果的针对性、合理性和可操作性，具有重要的理论意义和实践意义。

（1）理论价值：系统总结生态预算研究成果，完善和补充生态预算相关理论。生态预算的思想源于1994年首届欧洲可持续城市大会，尚属较新的研究领域，国内外相关文献还不多，且大多是对德国、意大利等国几个城市实践的一般研究，涉及理论分析和深入认知研究视角的较少，对系统构建和长期规划的研究就更少了。

我国作为环境急需治理的全球最大的发展中国家，从制度环境和运行模式角度结合我国国情分析生态预算系统的文献更是寥寥。传统财政预算在我国实施多年，各相关责任主体已经形成思维惯性，着眼调整责任主体职责，提高生态资源绩效，开展生态预算系统的运行研究，不仅能够丰富生态预算相关理论，而且通过将生态预算系统实施程序由国外城市向国内城市拓展应用，也将增强生态经济学理论和预算理论对现实社会的解读作用，在理论上具有重要价值。

（2）实际应用价值：为我国城市环境治理探索有效的途径，也为相关政府部门生态环境政策方针的制定提供一定的参考价值。改革开放 40 年来，城市整体环境质量持续恶化，表明原有的环境管理模式已不能完全适应不断变化的生态资源和环境问题。在目前各级政府都显著加大生态建设投入的情境下，一项生态环境管理综合有效的方法——生态预算，引起了高度关注。从实践上看，生态建设是一项复杂的系统工程，涉及环境保护、国土、水利等众多领域和部门，资金需求大、建设周期长、关联因素广、取得成效慢，必须尽快改变传统观念方法和工作方式，加速建立统筹领导下的短、中、长期目标紧密衔接和事前、事中、事后等各环节评价紧密结合的生态预算模式。而目前城市各生态建设管理部门实行分割式管理，缺乏统筹协调机制和统一管理模式，各责任主体也没有建立系统、明晰的绩效评价指标体系，这必然会显著降低资金使用绩效，极大地影响生态建设质量。因此，本书在深入分析、借鉴德国生态预算示范项目（1996~2000 年）、凯泽斯劳滕生态预算示范项目（2001~2003 年）、欧洲生态预算示范项目（2001~2004 年），亚洲生态预算示范项目（2005~2007 年）的经验基础上，结合北京市生态资源和环境管理水平实际，研究设计出北京及其生态涵养发展区的生态预算试行方案，并期望在成功实施的基础上向其他城市推广，以求建立生态资金的良性运转机制，为突破生态建设中部门分割式管理瓶颈、提高生态资金使用效率、实行全过程全方位的综合管理探索有效途径，也有力地促使生态环境管理从部门管理转向公共管理，维护和改善各地区的生态环境，改善人民的社会生活。因此，本书的研究具有现实迫切需求和良好的应用价值。

🌿 1.2 生态预算的国内外研究现状

21 世纪初，姚力群（2001）通过翻译《生态预算——地方政府在自然条件范围内的消费》这篇外文文献，成为向国内正式介绍生态预算的第一人，经过十几年的发展，我国学者不断开展生态预算研究，在生态预算的定义、特征、内涵、流程、实践、绩效评价等方面都有了很大程度的探究，让生态预算慢慢被国内越来越多人了解并熟知，其中研究的主要代表人物是郝韦霞（2005）、徐莉萍（2010）、石意如（2015）。对国外生态预算文献的掌握主要是通过 Springer Links、EBSCO 等国外数据库，对"Eco-budget"进行全文检索，查询国外对生态预算研究的相关文献资料，了解国外的研究现状。

1.2.1 生态预算的研究现状

"我们可以用预算管理人造资源——钱，为何我们不对自然资源也这样做呢？"这个问题是生态预算产生的基础。随着生态预算思想的产生和实践的推进，国内外对生态预算展开了理论和实践研究，国外研究的重点是在不同的地方试行生态预算并总结经验，做实践的先行者；国内主要侧重于在现有的国外研究基础上结合我国实际做进一步的研究。

1.2.1.1 生态预算的概念内涵研究

Konrad Otto-Zimmermann（2002）认为通过制定目标、实时监控和及时报告，生态预算能保证实时掌握对自然资源使用和环境质量的状况。他只是提出了一个一般性的框架式定义以供参考，并没有论述清楚生态预算具体所指，随着研究的深入和成功的试用，生态预算的概念逐步完善。Robrecht 等（2004）指出生态预算是一种基于财政预算的自然资源使用管理系统，模仿了财政预算的原理和程序，先选定需要优先解决的环境问题的代表资源，并设置实物量指标，然后科学设定指标的年度目标和长期目标，在预算年度内监测和记录各项指标的实际值，年末对目标完成情况进行评估并制定下一轮预算的环境管理方法。这是在生态预算成功实践的经验中，从预算程序总结的定义，通俗易懂地完整表述了生态预算的内涵。

国内学者基本采纳了上述观点，并在此基础上进行了扩充说明。国内最早研究生态预算的郝韦霞（2010）认为生态预算是基于基本预算理论和循环管理理论，计划和控制生态资源，以达到可持续利用的一种方法。徐莉萍、王雄武（2010）则强调生态预算是以预算报告为核心的环境管理方法，是责任预算的应用；李姣好（2013）提出生态预算是对生态资源的实物预算和相应的生态财政预算组成的完整体，二者相辅相成。郝韦霞（2015）认为生态预算是在以可持续发展目标为前提的情况下，由生态承载力确定具体年度目标，借鉴年度预算平衡原理，对环境管理进行系统化、精确化的计划、控制和评价。

1.2.1.2 生态预算模式的应用研究

（1）生态预算在国外的应用研究。生态预算提出后，在理论研究的基础上，欧洲和亚洲国家的部分城市分别于不同年份完成了几大示范项目，取得了意想不到的成效。1996～2000年，德国的比勒菲尔德市、德累斯顿市、海德堡市及诺德豪森县参与了实施，都完成了第一个周期，比勒菲尔德市将其纳入现行的管理体系，成为一项永久的程序实施下去；2001～2003年，在德国联邦环境教育凯泽斯劳滕市代理处的资助下，凯泽斯劳滕市成功试用了一轮；2001～2004年，由欧洲地方环境协会资助，意大利的费拉拉市和博洛尼亚市、希腊的卡利塞亚市和阿马鲁西翁市、瑞典的韦克舍市、英国的刘易斯市这4个国家的6个城市（镇）成功试用了生态预算系统。2005年，印度贡土尔市和菲律宾塔比拉兰市决定试行生态预算模式，最终取得了卓越的成果，这一模式成为该市环境管理模式之一。Robrecht等（2004）合作出版了《生态预算指南》，简单介绍欧洲三大项目的预算过程及结果，并总结了经验，为以后生态预算的进一步推广提供了指导。随后，ICLEI（2007）组织出版刊物分别详述意大利博洛尼亚市、瑞典韦客舍市和菲律宾塔比拉兰市的生态预算方案及可借鉴之处，特别是《亚洲生态预算指南》，对生态预算在亚洲的推广具有指导作用。

通过总结生态预算的国外实践发现：首先，这些城市试用生态预算模式都得到各种基金的支持，例如，德国联邦环境基金会资助德国示范项目，欧洲地方环境协会资助欧洲示范项目。其次，设置了由相关政府部门人员组成的专门管理机构来组织和实施生态预算，指导和协调各利益相关者行动，而且注重部门间的协调与合作。再次，这些城市都用生态预算流程来指导实施生态预算，对生态预算进行事前预测、事中执行和事后监督的全面性指导，为生态预算模式的运行提供了方法保障。最后，这些城市公众广泛参与生态预算，政府、社会组织和社会群众等各方利益相关者的普遍参与，为生态预算的成功推行奠定基础。总之，国外生态预算具有明确的资金来源和传导机制，清晰界定责任主体，社会公众参与度高，这对我国引进该模式具有重要的启示意义。

（2）国内的应用试想研究。生态预算的出现与成功实践引起了我国对其应用的研究，也为生态预算在我国的应用试想提供了借鉴。21世纪初，姚力群（2001）翻译了《生态预算——地方政府在自然条件范围内的消费》这一文献，介绍了西方生态预算的程序和政府的作用，成为第一篇向我国介绍生态预算模式的文章，使生态预算模式慢慢被我国学者所了解，我国学者从生态预算的不同角度，结合我国实际和已有的生态经济学理论、会计理论和预算理论提出生态预算在我国的应用设想：

第一，预算资金来源的研究。对于生态预算，首先要考虑的是资金问题，有了资金的支撑才有可能实现生态预算的效果，已有的研究提出了两种主流的方式：专设生态预算基金或者直接占用部分财政预算资金。徐莉萍（2012）提出了将生态财政转移支付制度独立出来，并尽快形成主体功能区生态财政转移支付资金双轨通道。

第二，结合我国实际优化生态预算模式的研究。在我国特殊的政治、经济和文化背景下，政府部门分割式环境管理和管理过程中"重情理轻约束"，导致了同一和非同一资源的环境管理部门立足于本部门的业绩和利益，成为环境治理的一大瓶颈，致使环境治理成效不明显（郝韦霞，2005；刘美，2009；徐莉萍，2010），所以，很多学者将研究的重点集中于为了适应我国国情优化生态预算模式，其中最突出的就是郝韦霞和徐莉萍。郝韦霞（2010，2011）提出改进方式：建立环境、经济和社会三方面的综合考核机制和合理的激励方式，并在政府审计的指导下由社会审计评价生态预算执行结果。随后又借鉴英国刘易斯市及意大利费拉拉市的经验提出将我国的环境目标责任制度与生态预算结合的可行性，设定清晰的环境管理目标，以及用实物量指标表征的费用—效益分析来评价政府绩效（郝韦霞，2010，2011，2013）。徐莉萍（2010）直接提出价值实现路径：建立各级政府和企业生态责任预算、先进标准和评价机制，同时将生态预算独立于财政预算。随后，徐莉萍（2015）紧随热点，致力于研究地方政府生态资产负债表，分别借鉴会计理论、环境与经济核算理论和会计计量原则设计生态资产负债表逻辑结构、各要素的具体项目及具体项目的计量原则与方法。

第三，具体区域生态预算的研究。郝韦霞（2006）设计了我国城市实施生态预算的通用方案，并创造性地模拟出大连市 2006 年度生态预算草案并提出一些具体建议。随后她又在阐述生态预算理论和流程的基础上尝试编制郑州市生态预算的草案（郝韦霞，2015），为国内学者进一步研究生态预算在我国城市的应用提供了框架和写作思路的借鉴。但也有学者运用模型和方法预测城市的生态预算结果和趋势。宇鹏、周敬宣、李湘梅（2009）根据集对分析的基本原理和聚类分析思想构造生态预算结果的预测模型，并用该模型预测 2005～2020 年武汉市生态预算结果的发展趋势。徐莉萍（2013）和她的学生孙文明（2014）将研究视角放在主体功能区生态预算系统间的合作上，在对外部环境进行 PSR 模型分析的基础上，提出异质的主体功能区生态预算子系统应该具有同质的目标，并论证生态预算系统结构与合作机理，结合主体功能区生态预算信息使用者的需求设计基于主体功能区生态预算合作的财务信息披露主体、质量特征与内容。

第四，生态预算绩效评价的研究。徐莉萍（2012）的设计包括决策绩效和执行管理绩效两大方面，通过问卷调查分析得到一套政府生态预算绩效评价指标体系。随着 2010 年《全国主体功能区规划》的发布，对于主体功能区生态预算的研究成为热点。石意如（2015）在一篇文章中系统研究生态预算绩效评价，从设计绩效评价框架（总纲）出发，分部分从流程绩效评价和绩效报告模式两方面，设计出包括决策、执行、报告和合作这四个方面绩效的主体功能区绩效评价指标体系，随后又设计出基于 DSR 框架下的主体功能区生态预算绩效评价体系（石意如，2016）。凌志雄、刘芳（2016）从生态预算视角出发，构建了包含评价主客体、评价指标及方法的完整主体功能区政府环境预算绩效评价总体系，并在湖南省尝试运作该体系。

第五，基于生态预算角度的企业预算管理的研究。尽管生态预算的实施主体是各级政府，但企业和社会公众的积极参与会使预算效果更佳，所以在企业预算管理中融入生态预算的思想将有利于生态预算的实施成效。胡巍（2008）在可持续发展的指导下，分析企业预算管理的缺点并结合生态价值观改进企业预算管理体系，使企业在进行预算过程中重视生态价值。向鲜花（2011）提出了作业生态预算的基本框架，并提出如何在企业生态足迹最小的条件下实现企业价值最大化。王长生（2014）在生态预算的导向下提出企业必须制定可持续发展战略，在预算管理中加入生态价值观，主动肩负节约资源、保护环境的责任。以上观点均要求企业主动承担社会责任，在全面预算管理过程中考虑生态价值，以实现企业的可持续发展。

1.2.2 北京生态涵养区的研究

现有的对北京生态涵养区的研究成果大多集中于该区域的生态补偿机制、生态产业发展和"三农"问题上，尚未有学者将生态预算模式与北京生态涵养区结合起来探索北京生态涵养发展区的环境管理的有效途径。李云燕（2014）通过考察限制北京生态涵养发展区发展要素，估算了该区域不同时间节点的生态服务价值，并在分析了影响其变动的因素的基础上探讨了生态补偿机制的完善措施；汪海燕（2011）提出了提高北京生态涵养发展区农民收入的有效措施；杜洪燕、武晋（2016）在对延庆区450户农户的调查基础上，研究了影响农户家庭收入的两类生态补偿项目——岗位型和现金型；袁顺全等（2010）从怀柔区出发，分析了在北京生态涵养发展区发展林下经济的条件和模式，并提出了相关建议；潘悦（2014）以北京市延庆区为例，分析了该区域的生态经济发展，并从多方面提出对策。

1.2.3　简要述评

总体来看，国外生态预算研究大都围绕《生态预算指南》展开，重视在不同城市推广实施，总结在实践中逐步建立的生态预算程序步骤和实践经验，理论研究仍处在探索起步层面。国内对于生态预算的研究时间不长，现有的成果不多，也不太系统，研究主要集中在两大方面：一是在探究生态预算的内涵、特征、实施步骤、方法、自身优势等的基础上，分析我国可以引入生态预算的必要性及可行性。二是通过介绍总结国外生态预算成功示范的经验，将生态预算与我国的政府、国情等现状相结合，提出生态预算在我国试行的设想以及在试行过程中事前、事中、事后各个阶段存在的问题并提出建议等。现有研究也未从预算框架构建、技术路径选择、应用方案安排等方面对我国引入生态预算、国内城市环境治理的现实问题进行深入系统的论证研究，更未开展实际应用。因为功能定位和环境管理的迫切性，本书选取北京及其生态涵养发展区这一具有特殊功能的区域，借鉴现有研究成果和成功实践经验探索设计该区域的生态预算模式，完善国内的生态预算研究体系，也为生态预算进一步在国内其他城市推广积累经验。

1.3 本书的研究方法与创新点

1.3.1 主要研究方法

本书从实际应用出发，采取文献研究、相关单位访谈、实地调查等研究方法，将规范研究与实际应用有机结合起来。主要的研究方法如下：

（1）文献研究法。搜集和分析大量中外文献资料的主要观点和研究成果并加以总结和评价。

（2）比较研究法和案例分析法。对国外生态预算示范项目的体制模式展开深入分析，从主要模式、体系构成、运作机制等方面分析并与北京及其生态涵养发展区进行比较研究，以积极借鉴国外生态预算示范项目的先进经验，形成对我国生态预算有实践意义的研究成果。

（3）规范研究和实际应用相结合的方法。综合运用生态经济学理论、预算管理理论等，分析北京及其生态涵养发展区实行生态预算的必要性和可行性，构建该区域的生态预算模式。

（4）对策分析法。借助理论研究和实际应用，提出具有可操作性的对策建议。

1.3.2 主要创新点

北京目前的城市战略定位是要建设成为"四个中

心"，即全国政治中心、文化中心、国际交往中心、科技创新中心。本书紧跟政策和热点导向，围绕生态预算模式这一基本问题，选取具有特定功能的区域——北京，继承与发展已有研究方法与成果并进行理论分析，结合实地调研的现实情况，尝试设计出适合北京及其生态涵养发展区发展的生态预算方案。具体有以下创新点：

（1）本书紧跟北京政策导向，选取北京及其生态涵养发展区这一具有特定功能的区域，在理论分析和文献回顾的基础上对该区域进行生态预算的应用研究，属于在实施区域选取上的创新。

（2）生态预算模式能够灵活综合地促进生态环境的管理，但到目前为止仍没有在我国城市进行试点。根据北京及其生态涵养发展区的实地调研和访谈设计出该区域具体的生态预算方案，属于生态预算在我国应用研究的一大创新点，也为进一步在我国其他区域推广奠定了基础。

2

生态预算的理论
基础与关键点

2.1 生态预算的理论基础

生态经济学自 20 世纪 60 年代末被首次提出，是当时社会经济发展的时代性产物。随着社会经济形式的不断发展，经过无数学者的不懈研究又衍生出了生态承载力、戴明循环原理等理论研究成果，这些成果都为生态预算的产生提供了理论借鉴。

2.1.1 生态经济学理论

1966 年，美国经济学家肯尼斯·鲍尔丁在一篇题为《一门新的学科——生态经济学》的论文中正式提出了"生态经济学"的概念。20 世纪 80 年代兴起了生态经济学研究的浪潮，其中具有里程碑的事件是 1988 年国际生态经济学会的成立和 1989 年《生态经济》杂志的创刊。

生态经济学是生态学与经济学相结合的产物，以生态学为基础、经济学为主导、人类活动为中心，研究生态经济复合系统的结构、功能、效益及其运动规律的科学，以生态经济问题为导向探究生态经济系统运行规律，以达到人类经济系统和生态系统的可持续发展。

生态经济学的研究对象是生态经济系统——人类社会经济系统和地球生态系统的关系，具体表现在：生态经济化、经济生态化和生态与经济系统的协调发展。从理论上看，生态经济学是在生态系统的视角下研究经济系统，以生态规律为理论基石来研究经济学，理论意义在于为传统经济学探寻生态规律的本源，提高其解决生态和经济矛盾的能力；从实践上讲，虽然生态经济学的研究对象是生态经济复合系统，但研究目的是让经济活动更加尊重客观规律，是要借鉴生态系统原理对现有的经济体系和经济活动方式进行重新塑造，其实践意义在于最终实现经济系统的可持续发展。经济系统是生态系统的子系统，经济系统必须在生态系统允许的范围内开展活动。生态经济学在充分考虑自然资源和生态环境要素的前提下发展经济，不仅要根据人的需要，更要在生态系统的承载力下确定经济发展规模，不能通过盲目扩张经济规模来满足人类需求，并期望以此解决人类面临的社会问题。生态系统的承载力是有限的，经济发展更要解决人类无限的需求与有限的生态系统之间的矛盾。

生态经济学是生态学和经济学的交叉学科，即二者叠加后重叠的领域，但不是二者简单机械地相加。所以，生态经济学既遵循自然规律又遵循经济规律，在此基础上也形成了自身的一些规律，例如，生态经济协调发展规律、生态产业链规律、生态需求递增规律和生态价值增值规律等。

生态预算是以生态经济学理论为基础和指导的一种环境管理方法。在追求经济发展的过程中更加注重人与自然的和谐相处，实现地方的可持续发展也是生态预算的终极目标，所以，生态预算方法可以理解为生态经济学的应用研究。但它和生态经济学还是有区别的，生态预算更侧重于对生态系统的保护，而生态经济学侧重于研究生态系统和经济系统之间的对立与统一。

2.1.2 年度预算平衡理论

政府财政预算是按照一定的法律程序编制和执行的政府年度财政收支计划，是政府组织和规范财政分配活动的重要工具，而平衡预算是指在一定时期内使政府的经常性收入与支出保持平衡。年度预算平衡原则最早由亚当·斯密在其不朽著作《国富论》中基于"财政节俭"观点而得以明确表述，政府的财政管理应遵循：在正常年份收支必须平衡，支出不得超过收入，尽管会不可避免地出现微小的赤字或盈余，但要求大体平衡。只有在战争和自然灾害的年份才能容忍有赤字。年度平衡原理支配了 17～19 世纪的政府财政预算活动，但由于 20 世纪 30 年代的经济大危机使资本主义国家事实上已不可能保证财政收支平衡，英国经济学家凯恩斯开始质疑传统的预算平衡思想，提出需要有只"看得见的手"——政府，直接干预经济，采用"赤字财政"的扩张型财政政策才能克服经济危机，此后政府预算以赤字财政为指导，强调预算管理的重点在于控制支出。20 世纪 40 年代后期，因为政治经济环境的变化，赤字财政不能适应当时需要，周期性预算平衡应运而生：政府可以用充分就业状态下的盈余弥补经济衰退条件下的赤字，实现财政预算的周期性平衡，即财政预算不需要每年都实现收支平衡，只需要在一个经济周期内实现平衡。20 世纪 60 年代，周期性预算平衡进一步发展成为充分就业预算。20 世纪 80 年代，强调财政预算平衡逐渐取代充分就业预算，并最终发展成为上限管理准则。

财政预算理念随着时代的发展不断变化和创新，但依旧遵循预算平衡的原则，不论是静态还是动态的平衡，都使政府在公共管理领域与时俱进，开拓创新，发挥职能。

而环境资源也是一种特殊的稀缺公共物品，其自净能力、再生能力和储备量都是有限的，所以，政府可以像干预财政资源的配置一样干预环境资源的配置，同时，环境资源的可持续配置也应考虑代际公平，使环境决策的结果取决于政府行为的特点，然而，政府各部门及其官员片面追求各部门或自身的利益和政绩将会是政府配置资源失灵最重要的原因。所以，可以模仿财政预算的平衡机制来控制环境资源的支出。然而，生态预算平衡不能像传统预算那样用货币价值来衡量收支的平衡，因为部分自然资源是无法货币化的。

我们需要在可持续发展的指导下来进行已有环境资源的配置，不仅要满足当代人的需要，更不能威胁子孙后代的需要，形成代内和代际的平衡，追求自然资源的持续利用和保持良好生态环境的终极目标。各种资源不必完全使用货币计量单位，因为资源的生态价值和社会价值无法准确地用货币表示，在生态预算平衡机制中以环境资源的实物量来度量收支。根据已有研究成果，可以借用"生态足迹"和"生态承载力"两个概念作为生态预算平衡的基础，生态足迹可以简单地理解为各项资源的年度占用量，由一系列动态的记录而得出，生态承载力是已有的各项资源的支出限额，各项资源分别核算，不需要统一的量化，所以，生态预算平衡机制就是保持区域各项资源在一定时期内的生态足迹不超过生态承载力，该原则注重控制支出量来维持收支平衡，这对于以实物量计量的环境资源尤为适用。

2.1.3 戴明循环管理理论

循环管理理论最早由休哈特在 1930 年提出构想，后来在1950 年，由美国质量管理专家戴明博士再度挖掘出来，将该理论用于持续改善产品质量。它的核心内容是 PDCA 循环，因为是由戴明博士推广开来的，也被称为戴明循环。其中，P（Plan）：计划阶段，主要是分析现状，发现问题，并分析问题发生的原因，在此基础上确定目标和方针，制定活动规划；D（Do）：执行阶段，按照计划先设计具体的行动方法和可行方案，然后执行方案，实施具体措施，分配职责；C（Check）：检查阶段，监测计划执行过程，实时记录和总结执行结果，明确对错，发现问题并及时纠偏；A（Action）：处理阶段，处理检查的结果，总结成败经验，肯定成功的经验并加以标准化，总结失败的原因和教训，避免重蹈覆辙。按照这样的顺序进行质量管理，并且循环不止地进行下去，而且这四个步骤具有严密的逻辑性：计划阶段为执行阶段制定了目标和计划，执行阶段是为了实现目标而具体运行计划，通过检查得知目标的完成度，并经过处理阶段来总结成败经验，为下一个循环周期奠定基础，使下一轮循环制定的计划更具有可操作性。这四个阶段是周而复始地进行的，使得管理过程是螺旋式上升的、不断改进的，上一个循环周期结束后，解决了一些预期想要解决的问题，但也会留下一些未能解决的问题进入下一个循环并加以解决。每一次循环实现一个阶段性目标，下一个循环可以从一个更高的起点开始。这种周期性管理办法可以在新措施实施时及时纠正问题，具有严谨的逻辑性和科学性。

生态预算是循环管理理论在环境管理领域的重要应用，它的运行流程借鉴该理论。在一个生态预算年度里形成了预算前的准备阶段、预算执行阶段和预算后的评估阶段，准备阶段主要是规划，生态预算团队与各相关部门协商制定具体的预算规划：为需要优先解决的环境问题选定资源，为每项资源选定指标，并为每项指标设定长期目标和短期目标。在执行阶段，记录预算年度内每项指标的执行过程和结果，监测执行过程并及时纠偏，在此基础上编制成预算平衡表。评估阶段先由审计部门对计划执行情况、目标的实现程度进行审计评估，出具审计报告，并和预算平衡表一起组成预算平衡报告交由相关机关批准后公布，给相关参与者提供重要的信息，也为下一轮预算编制提供参考。而且，在实际操作过程中，不会出现单个的周期，会出现重叠的阶段，但从管理职能上看，生态预算的三个阶段和循环管理的阶段环环相扣，周而复始地转动。在每个年度预算和周期预算结束后都要及时总结，避免在下一期预算中重蹈覆辙，提高生态预算管理水平，从而一步步接近可持续发展的目标。

2.2 生态预算的关键点

2.2.1 生态预算的内涵

生态预算是一种沿用年度预算平衡原理，科学设定环境资源的实物量指标和阶段目标，在预算年内监测指标的实际值，在预算年末评估目标完成情况并制定下一轮预算的环境管理制度。

2.2.2 生态预算运作流程

生态预算是一种循环的宏观调控系统，运用预算理论对系统各要素进行及时监督和调整，确保生态环境的平衡。在实际运作中，它先把一个城市的自然资源（如空气质量、水、土地、森林、原材料和生物多样性等）看作一个整体，依据地区资源现状科学地对未来资源使用及消耗情况设定年度目标和中长期目标（一般为3~5年），目标设定后在预算执行年度内监测各个指标的实际值，将实际值与目标值比较、评估，最后调整制定下个年度的预算方案。

整个流程共分为三个阶段：准备阶段、实施阶段和评估阶段。其过程基本如下：首先，准备阶段，需要针对当地环境状况和环境政策来全面分析、确定生态预算的目标，并制定相应的资源管理利用计划。其次，实施阶段，对预算年度内环境资源的消耗量进行监测，并在此基础上调整实现目标的措施，以加快预算目标的实现。最后，评估阶段，在预算年末对评估结果进行审计，并依据结果调整下一年的计划及预算。运用生态预算循环程序来保证环境管理的正常持续性进行，并形成一个循环周期。具体来说，这三个阶段又涵盖了生态预算的五大步骤。生态预算分为五步，分别是编制预算前的评估、编制总预算、预算审批、预算实施、预算评估。

（1）编制预算前的评估。预算准备评估非常重要，特别是在生态预算第一个周期开始时。一般情况下预算评估阶段要进行整个过程的角色分配和责任分配，起草活动时间表，审查环境状况等。在这一步骤中，必须成立一个跨部门的生态预算团队。它在全过程中具有管理和执行的责任，由市政国有企业、非政府组织和其他当地利益集团代表协助。而且需要制定报告的结构与用于管理指令和内部审计的框架。该文件可作为理事会和公众判断优先资源、资源消耗和评价估算的基础。

（2）编制总预算。总预算编制是生态预算的核心。

这个过程主要是构建预算的框架，侧重点是影响收支变化的因素、投入及其对下一年的影响。这个阶段体现核心的进程问题，即"问题—资源—指标—目标"。通过一套简单易懂的指标来描述，每一项指标都与定量的长期和短期目标有关，短期目标代表即将到来的预算年度内的预算限额，短期目标帮助实现长期目标。具体来说，总预算包括：

1）当地政府对优先资源的保护或有效的管理。这是在城市主要环境问题的基础上确定的。

2）描述资源环境指标的实际数值信息。

3）上述指标的战略性长期目标。在一定时期内（一般为 8~20 年）完成，在制定了政治决策的基础上，以可持续发展的原则为指导。

4）短期目标。这代表了预算年度内的预算限制，并以此实现长期目标。

（3）预算审批。总预算报送给政府审批机构后，经过分析与研讨，把预算中存在的问题和矛盾展现在决议草案中，然后上交给专家委员会讨论。预算批准是以多数票通过总体预算，但草案中概述的问题和矛盾也可以通过当地媒体或互联网等公共场合公开和讨论。如果议会提出改进预算的内容，负责生态预算的团队就需要通过深入探讨进行修改，再递交审议批准。政治上的批准使得环境预算对当地政府和所有参与者具有约束力。第一年长期和短期目标都必须得到批准。从第二年开始只有短期目标需要通过投票表决，因为长期目标没有被修改。如果发生政策的改变或重大的意外事件，整个总预算必须重新获得批准。

（4）预算实施。预算被批准后，就进入了第三个步骤预算实施。在实施过程中，要严格按照预算情况来制定相关决策。在预算实施阶段，生态预算团队协商决定采取的措施和实现目标，措施的计划必须与政府各个部门的角色和责任相关。在预算年度开始时，对环境预算的每个指标都建立收支账户。建立账户之后，定期和频繁地监测跟踪数据。如果在城市生态预算执行期间，发生一些重大的自然灾害事件如洪涝、干旱、地震等或其他不可预测的事件，会极大地改变当地环境状况，政府需要考虑在意外事件发生时补充修改总预算，并在似乎不可能实现目标的情况下采取必要的纠正措施。总的来说，预算将各种资源联系到了一起，统一了资源管理方案的方向，减少了部门分割管理造成的效率损失。

（5）预算评估。要进行审计评估，并以定性和定量的标准进行评估。在预算评估阶段要通过预算平衡报告呈现当地环境绩效的结果，预算平衡报告由表格组成，回顾当地环境性能，评估实施期内实际值是否和预算制定的目标相符合。通过内部审核，采用定性和定量的标准对预算实施的过程及结果进行评估，可以很容易地核实短期目标的实现情况。经过议会批准预算达到平衡后，政府要告知公众生态预算实施的结果，通过当地政府和其他参与者采取的措施，资源消耗是否保持在预算限度内及环境质量情况如何。同时预算的结果也会被反馈到下一个预算周期，以确定在即将到来的预算期间应该处理哪些优先事项、确定哪些重点应在即将到来的预算周期加以解决，为下一轮预算周期调整相应指标和目标提供一定参考。

　　生态预算完善的循环运行系统提高了政府对生态资源管理的科学性和可控性。具体程序循环如图 2-1 所示。

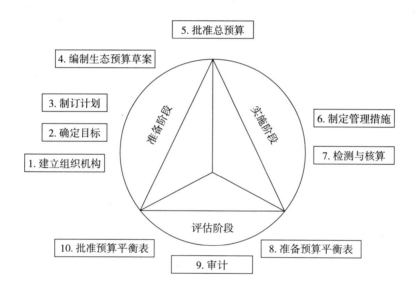

图 2-1　生态预算程序循环

2.2.3　生态预算的原则与特点

　　生态预算可以帮助地方政府实现可持续发展的全球目标。生态预算基于三个基本原则：

　　（1）在财政预算程序的基础上制定。

　　（2）由完整的管理规划周期构成。

（3）根据城市的可持续发展而设立目标。

同时，构成生态预算的主要支柱有以下三点：

（1）资源管理：节约自然资源，优化资源的消耗，如土地、空气、水、植物、动物，这些对实现可持续发展至关重要。

（2）政治承诺：制定和通过正式召开会议并记录申报批准的环境预算。

（3）技术手段：采用适用于当地情况和管理城市发展节约型生态系统的技术和政治手段，如环境规划、法规、经济、税费、公众参与等。

同时，生态预算具有以下四个特点：

（1）预算目标反映了自然资源的特点。生态预算管理对自然资源进行配置与管理，因此预算管理的目标需要根据自然资源本身和可持续发展的特点来设定。自然界中各种资源相互联系、相互制约，自然资源在分布上也具有地域差异性。生态预算的目标应该充分考虑地域性特征，因地制宜，并发挥地区优势。由于自然资源有限，预算目标的规划必须考虑有计划、合理地开发利用自然资源，以避免自然资源的急剧减少或枯竭。预算目标的设定还应当考虑开展相应科学研究，使自然资源发挥更大的经济效益，并逐步开发新的资源。

（2）具有较高的预算参与程度。就目前来看，生态预算与财政预算的参与主体都是各级政府部门。从发展的角度来看，从事自然资源的勘探、采掘、管理和使用等工作的相关部门及单位，也可以作为预算主体。

（3）管理主体具有分层性。非最高或最低层级的预算执行者，既有可能作为生态预算管理评价主体，也有可能作为生态预算的评估对象。在自然资源的状况及生态预算管理制度较为稳定的情况下，生态预算强调的必要性是客观存在的。

（4）生态预算计量指标具有特殊性。生态预算管理配置对象为自然资源，自然资源的数量、质量等指标的计量应该有一定的规定。在完善的调查研究基础之上，确定自然资源的计量方式和数量。自然资源的质量标准，也需要通过技术手段测量、勘察。因为资源的数量和质量是动态的，所以生态预算指标要符合资源变化的需要。

2.2.4　生态预算的作用

第一，帮助政府成为真正的资源管理者。生态预算帮助政府在决定如何提供服务的同时优化地方自然资源的使用，通过每年的生态预算周期来整合城市的自然资源管理，为政府提供了一个管理框架，使其能够在内部采取行动，帮助政府成为真正的资源管理者。

第二，是环境资源综合管理的有效方式。生态预算是一种跨部门的管理工具，影响城市整体的自然资源，并涉及其中的利益相关者，包括地方当局、社区、国家等各方利益，是环境资源综合管理的有效方式。同时生态预算由于经常性和连续性的规划、执行、报告，能够维持政府对自然环境较长时间的政治关注。

第三，促进地方经济、生态能力的发展。生态预算作为一种框架工具，帮助政府加强生态环境综合管理的能力，促进生态可持续发展，为当地综合环境管理需要创造了一个有利的环境。生态预算还能够促进区域合作，加强政府机构的能力，提高政府社会公信力，从而促进地方经济、生态的发展，促进国家可持续性战略的实现。

3

欧亚城市实施生态
预算的经验借鉴

生态预算在欧亚部分国家的一些城市成功试行，积累了成功的实践经验，本章分析和总结了欧洲和亚洲示范项目中部分城市的实施方案，以供研究北京及其生态涵养发展区生态预算借鉴之用。

🌿3.1　欧洲代表性城市生态预算试行与实践借鉴

　　生态预算自确立以来，在欧洲地区经过不断地研究试点已经成功在多个城市示范实行。从德国范围推广到欧洲范围，试用城市的规模、行政管理结构和资源结构各不相同，从而形成不同的生态预算目标和方案，但生态预算均成为各试用城市促进地方可持续性的环境管理方法。生态预算具有代表性的成功示范项目分别是1996~2000年的德国示范项目、2001~2003年的凯泽斯劳滕（Kaiserslautern）示范项目、2001~2004年的欧洲示范项目（见图3-1）。这三个项目在当地取得了巨大的成功，验证了生态预算的可行性，为城市环境管理创造了极大的价值与贡献，帮助实施和维护城市的可持续发展计划。本节选取刘易斯市、博洛尼亚市、费拉拉市和韦克舍市这四个具有代表性的城市，分析其生态预算执行过程中可借鉴的实践经验。

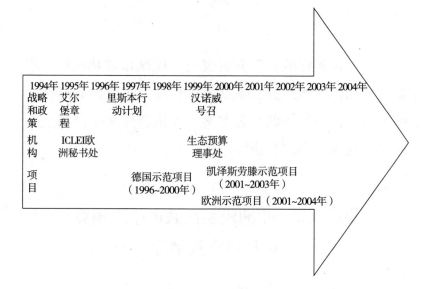

	1994年 1995年 1996年 1997年 1998年 1999年 2000年 2001年 2002年 2003年 2004年
战略和政策	艾尔堡章程 里斯本行动计划 汉诺威号召
机构	ICLEI欧洲秘书处 生态预算理事处
项目	德国示范项目（1996~2000年） 凯泽斯劳滕示范项目（2001~2003年） 欧洲示范项目（2001~2004年）

图 3-1　　欧洲生态预算发展历程

3.1.1　英国刘易斯市生态预算概况与实践经验

2002 年 9 月，刘易斯市议会批准了第一份生态预算总预算草案，并于 2004 年 4 月批准了 2003 年的预算平衡报告和 2004 年的总预算草案。

3.1.1.1　英国刘易斯市概述

刘易斯（Lewes），英国英格兰东萨塞克斯郡的郡治，包括 4 个城镇和一些乡村，以优美的自然风景著称，人口约 89000，面积为 292 平方公里。该市内阁由 9 名成员组成，从 41 名议会成员中选出；4 个审查委

员会（环境审查委员会、土地房屋审查委员会等），由
9 名成员组成，分管政府工作的具体方面，环境审查委
员会分管环境管理和可持续发展，主要是提出具体提案
（如生态预算总预算、环境政策），并通过环境首脑会议
为地方决策建言献策，在生态预算试点项目的执行过程
中发挥关键作用——考虑指标、目标、措施和监测
进展。

3.1.1.2　英国刘易斯市生态预算实施经验

刘易斯市将生态预算与欧盟制订的环境管理与审计
计划（EMAS）相互补充来评价政府的环境管理绩效，
目的是逐步完成地方《21 世纪议程》（LA21）中可持
续发展的总体目标。

（1）用生态预算落实地方 LA21 的目标。联合国环
境与发展大会通过的 LA21 成为世界范围内的可持续发
展行动计划。刘易斯市的 LA21 已经运行多年，要求政
府在促进社会、经济和环境发展上担负责任，在可持续
发展的基础上，保持合理的经济基础和提供高质量的公
众服务。因此，刘易斯市制定了一个结合了 LA21 和生
态预算的发展战略：生态预算科目来自 LA21 中的优先
领域，生态预算年度目标的制定以 LA21 中的环境目标
为依据。

刘易斯市采取自下而上的方式，地方政府将会广泛
听取公民和利益相关者的意见，通过多种形式的讨论集
思广益，让其和政府部门共同参与地方发展决策，地方
21 世纪议程论坛是一个讨论的平台。生态预算监测各方

参与者是否遵从承诺：促使地方政府的所有经济部门努力将资源消耗保持在预算限额内，鼓励工业、商业和私营者遵从承诺，承担责任，执行环境预算措施。

图 3-2 表示地方《21 世纪议程》和生态预算的交互过程，强调了生态预算与地方《21 世纪议程》的系统重叠。

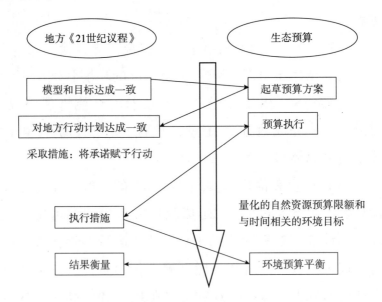

图 3-2　地方《21 世纪议程》和生态预算的交互过程

（2）把生态预算与 EMAS 结合。EMAS 是一种环境管理手段，使组织能够评估、管理和提高其环境绩效，目的是促进持续的环境改善。该体系于 1995 年 4 月在欧盟颁布，最初应用于生产领域，促使企业通过利于环境的可持续发展方式增加销售额。从 1998 年开始扩展到服务行业的生产部门，2001 年 2 月，第 14 次欧洲成员国大会批准了 EMAS Ⅱ，ISO14001 体系被纳入其中。

当前，EMAS 在欧洲有 3642 个注册用户，最多的是德国（2364 个），次之是奥地利（300 个）和西班牙（289 个）。然而，只有大约 120 个注册组织是地方政府，甚至大多数只是地方政府的某部门。1994 年，刘易斯市决定申请 EMAS 认证，1998 年以其健全的环境管理系统获得欧盟 EMAS 证书并成为英国仅有的被鉴定合格的 4 个地方当局之一，1999 年完成了 EMAS 认证的目标，2002 年获得 ISO14001 的认证。

拥有 EMAS 认证确保政府将一直致力于把环境的不利影响降到最低，并一直寻求增加有利影响的方法，然而，政府在开展环境工作之初就很清楚 EMAS 的局限：达到 EMAS 要求的目标很浪费时间；审计和认证过程有时被视为理由，而不是达到目的的方式；EMAS 最初是为工业企业设计所使用的，而不是针对政府层面，所以成员参与度极小，只有很小范围的利益相关者参与。

刘易斯市议会认为实施生态预算可以克服 EMAS 显现的缺陷，因为它以资源为基础，意味着它可以发现地方最普遍的问题；而且，因为需要内阁批准环境预算，它比迄今为止在刘易斯市实行的任何环境管理系统都有更大范围的政治参与度，增加了政治保证。当局认为生态预算可以让他们在可持续发展的议程下，在众多领域整合生态预算和 EMAS，改进城市环境质量。生态预算与 EMAS 的相互作用如图 3 - 3 所示。

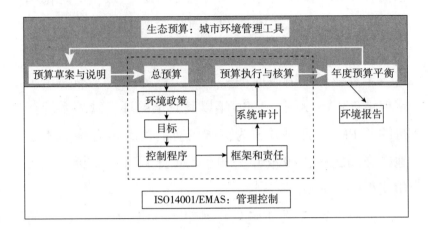

图 3-3　生态预算与 EMAS 的相互作用

3.1.2　意大利费拉拉市生态预算概况与实践经验

3.1.2.1　意大利费拉拉市概述

费拉拉（Ferrara）位于意大利中北部艾米利亚—罗马涅大区，费拉拉省省会，人口 133485（2014 年），面积 404 平方公里，横跨波河，是 15 世纪和 16 世纪时期意大利的文化中心，现今是意大利可持续发展的领军城市，荣获 2003 年的可持续城市奖。2003 年 2 月，市议会批准了第一份总预算草案，并于 2004 年 4 月批准了 2003 年度预算平衡报告和 2004 年总预算草案。

3.1.2.2　意大利费拉拉市生态预算实践经验

费拉拉市实施生态预算的目的是落实 LA21 的环境目标，生态预算的主要任务是对环境报告、环境统计和 LA21 进行整合，实施过程基本沿用 ICLEI 设计的规范流程。

（1）生态预算与环境核算相结合。环境核算是一种用账户形式来展示环境成本的方式，它在计划和决策过程中提供量化的环境信息，如矿物质、空气质量下降、具体污染物的排放和水消耗等，并将相关的成本信息在账户中表示，旨在辨别和展示与环境影响相关的隐藏成本。2001~2003 年意大利出台了 EU LIFE 的研究项目 CLEAR（City and Local Environmental Accounting and Reporting，城市和地方环境核算报告），要求地方政府在行政管理中引入环境核算，通过八大领域的 8 张表来展示区域内与环境状况相关的货币价值和实物数据，并附属于财政预算，其中，实物核算是按规定的指标表示地方环境资产，货币核算则对环境的投资和成本进行分类，主要识别和分配与环境相关的地方政府的支出。

费拉拉市已经参与 CLEAR 项目并在生态预算中引入环境核算，选取源于现存的地方《21 世纪议程》的环境指标，CLEAR 要求详细报告地方政府管理的八大领域的环境影响，生态预算要求建立战略性和可操作的目标，提供管理方法和执行监控，费拉拉市致力于将这两种方法进一步发展，并促进两者更大程度地整合。

生态预算和环境核算的联合应用表明对于政策决策的附加值，两者都源于环境预算的概念，都以可持续发展为目标，都支持政治决策，两者都面向整个市、县的地理区域，两者的中心思想是政治主体的参与和政府批

准的预算的合法化。二者的主要区别是设置指标与目标
和生态预算的货币化信息在环境核算中的应用的管理方
法，二者结合使用可以发现相似的元素，特别是互补的
元素，表 3-1 展示了生态预算和 CLEAR 对应和互补的
元素。

表 3-1　生态预算和 CLEAR 的比较

项目	CLEAR	生态预算
审批机构	政府批准	政府批准
范围	整个区域	整个区域
预算准备	核算领域和推荐指标	制定优先次序、识别指标和设置目标
参与度	跨部门合作和利益相关者参与	跨部门合作和利益相关者参与
预算计划	环境预算（项目预算）	环境总预算
指标	8 个核算领域的货币和实物指标	地方当局根据优先次序设置的实物指标
环境成本	环境成本的货币化	无法进行环境成本货币化
目标	无目标设定	长期目标和短期年度目标
计划措施	信息和报告计划	管理规划
实施结果	最终预算	环境预算平衡表：年度预算平衡表、环境资产表和环境效益分析表
结果报告	活动报告	环境预算平衡报告

（2）依据费用—效益分析确定生态预算目标。费
用—效益分析和评价项目可行性的标准是权衡效益与费
用，以最小的总费用实现设定的环境目标。以土壤资源
的人均公共绿地面积指标为例，费拉拉市当局设置土壤
质量的效益目标：以增加人均公共绿地面积作为生态目

标，以企业和社会经济损失最小为社会目标。经过费用—效益分析，增加人均公共绿地面积的有效措施主要是植树造林和城市绿化。根据政府年度计划和措施先确定阶段目标，入档后方便查阅和确定责任。费拉拉市当局在费用—效益分析的基础上，综合考虑利益相关者的利益，权衡了需优先解决的问题和经济发展战略，从而确定了各指标的生态预算目标，包括环境效益和经济效益。该目标体系将会是一种有力的可以约束和引导社会经济行为的工具。同时，生态预算目标包含了规划的环境绩效和经济绩效，避免了用单一经济指标作为政绩考核标准的弊病。

3.1.3 意大利博洛尼亚市生态预算概况与实践经验

3.1.3.1 意大利博洛尼亚市概述

博洛尼亚（Bologna）是艾米利亚—罗马涅（Emilia-Romagna）的首府，位于意大利北部波河与亚平宁山脉之间，是一座历史文化名城，经常被列为意大利生活质量最高的城市之一。人口为 388257（2016 年），面积为 140.7 平方公里，其地域范围内有林地、草地、耕地、藤地，以及雷诺峡谷沿岸的砂岩峭壁围成的天然野生动物保护区。第一份总预算草案于 2003 年 2 月获批，2004 年 3 月，2003 年度预算平衡报告获批，第二轮总预算草案获认可。

3.1.3.2 意大利博洛尼亚市生态预算实践经验

该市实施生态预算的目的是把生态预算与 SEA

（Strategic Environmental Assessment，战略环境评价）结合，落实 LA21 中的环境目标。

2001 年 6 月，欧洲理事会正式通过《2001/42/欧共体指令》，主要用于评估某些计划和方案对环境的影响，这就是著名的战略环境评价指令。直到 2004 年 7 月，该指令进入国家立法，所有欧洲地方当局必须通过国家立法尽快实施战略环境评价指令。本指令的目的是：通过确保对所有可能对环境有重大影响的计划和方案进行环境评估，提供高水平的环境保护并助力在计划和方案的准备和采用过程中将环境因素考虑进去，以促进可持续发展。被评估的对象为全部计划和方案，包括农业、林业、渔业、能源、工业，运输、废物管理、水管理、电信、旅游、城镇和国家规划或土地利用等。

博洛尼亚市从 2000 年开始实施一项关于在城市规划中考虑环境与可持续性的区域法律——Emilia Romagna 地区法 20/2000，为城市环境战略评价设定两阶段：第一阶段是对计划和行动的定性分析（初步文件），对行动相关的环境影响和风险的评估，目的是在概念层面确定战略考虑，确定与实施结构方案的提议相关联的直接和间接结果，考虑结果是否会影响环境的组成部分。第二阶段是定量分析，对初步文件进行了修订和量化，编制一个修正后的规划（最终文件）。为了建立定量阶段的基础，必须收集基准数据，数据必须是初步文件中包含的每个资源或主题，并应该覆盖：资源/主题、可持续发展总目标、具体的可持续发展目标、选取的指标、参考资料/来源。

此外，生态预算也在支持由新城市结构规划确定的不同情况下的环境评价中起着至关重要的作用，生态预算通过比较选定的指标和不同情况下的中期目标评价环境效应。同样，就减少负面影响和"生态超支"而言，环境战略评价可以用于控制环境预算来改善计划，而生态预算将重组工作阶段纳入一个统一循环的过程，并建立政治承诺的目标，提高了其有效性。定期核算将时间组件引入地方政策和规划，这就为地方政府的环保活动引入了一个额外的管理方面，并避免了传统的空间环境规划的主要不足之一。

博洛尼亚市的案例表明了生态预算与战略环境评价之间的互补关系，我们可以看到这两种方法在多个地区的协作。一般来说，这也适用于大多数其他环保措施，可以得出结论：生态预算可以作为"政府通风口"，将信息和数据在政治领域和利益相关者之间传递。

3.1.4　瑞典韦克舍市生态预算概况与实践经验

3.1.4.1　瑞典韦克舍市概况

韦克舍（Växjö）是瑞典克鲁努贝里省的一座城市，因其著名的玻璃产业而被称为"水晶王国"，位于瑞典南部，人口约 78473（2006 年），面积 1674 平方公里，茂密而广阔的森林和湖泊是其环境特点。该市一直致力于环境治理的创新，于 2000 年获得欧洲大气保护优秀城市奖，并希望通过采用先进的环境系统来继续担当环境保护的"领军人"。

市政执行委员会由 15 人组成，并由 1 位市长和 2 位副市长领导，该委员会执行的决策一般是由 61 名成员组成的市议会投票产生的。市政当局有 10 个部门，6500 名员工，并拥有 6 家自有公司。2001 年以来，韦克舍市的生态预算项目由市规划部门协调。2003 年 3 月，市议会批准了第一份总预算草案，2004 年 4 月，2003 年度预算平衡报告和第二轮总预算草案获得批准。

3.1.4.2　瑞典韦克舍市生态预算实践经验

韦克舍实施生态预算的目的是改善环境管理部门在城市管理系统中的地位，使其切实成为可持续发展的先锋，创建一个结构化的措施来实现其减少二氧化碳的目标，并监测环境举措的影响。

生态预算与财务预算编制过程的联系是韦克舍市的主要关注点，生态预算和财务整合可以分成三个阶段：第一阶段是同步财务和环境预算，即同时建立相同预算期间的生态预算和财政预算，但二者是独立的，并同时获得政府批准。第二阶段是将财务及环境预算纳入同一报告文件。第三阶段是权衡财务和环境目标。需要讨论相关的环境和财务目标，在此基础上形成财政—环境目标。根据上述层级，有些精心规划的部门已达到第三阶段，韦克舍市的大多数部门已达到第二阶段——生态预算和财务预算之间的整合阶段，因此，未来生态预算的挑战是将整个组织提升到第三阶段。

环境管理与财政管理的连接在韦克舍市的使用是成

功的。此连接要求地方政府在管理过程中必须考虑环境因素，财政管理历来被视为最重要的地方管理，通常被认为是地方当局主要的指导文件，将生态预算归入该文件，将提高环境问题的可预见性和重要性，使环境资源受到与财政资源同等的重视，环境问题从部门问题提升到中心问题。而且，政府部门、利益相关者和个人可以发表不同意见，生态预算为讨论资源的配置提供了重要的平台，生态预算也可以在这里得到政治和公众的辩论和讨论。

另外，生态预算的年度周期是从财政预算系统直接复制的，环境问题通常为了实现目标需要较长的时间框架，以显示明显的效果。然而，通过设置长期目标并分解成年度目标，政府和公众将获得全面的地区环境状况。而且，财政预算的例行程序已经在地方当局充分使用，生态预算进程将更容易实施。这些有利条件让生态预算比其他环境管理系统成熟得更快，地方政府解决系统问题所需的时间和人员会减少，所以，综合的方法不仅在政府、利益相关者和公众之间提高环保意识和关注度，也通过协调和高效而节省财政资源。

3.1.5 小结

根据四个具有代表性的欧洲城市的生态预算试行实践，可以总结出以下的借鉴经验：

第一，生态预算可以与已有的环境管理规划或目标相结合，并且可以达到互补，也为环境目标的完成提供方法支持。具体对于北京及其生态涵养发展区而言，可以将生态预算与政府的政策文件相结合，如"十三五"规划，2013~2017年清洁空气行动计划，环境会计核算方法可以帮助完成政府规划的目标，还可以协助目前正在探索的自然资源资产负债表的编制。

第二，生态预算可以与财政预算相结合。在北京及其生态涵养发展区生态预算方案的设计过程中，因为生态预算的年度周期和预算程度与财政预算是相似的，可将生态预算和财政预算纳入同一预算报告，使环境问题受到同等的重视，还可节省财力和人力。

第三，需要优先解决的环境问题。选取的资源和指标可以借鉴已有的环境措施和报告中列明的指标，便于生态预算数据的收集结合执行过程中的监测和纠偏。

3.2 亚洲城市生态预算的试行实践与经验

1998年欧洲联盟发起了"亚洲Urbs"（Asia Urbs）计划，旨在加强城市与城市之间的合作，将各成员国和17个南亚、东南亚国家的地方政府联合起来。支持在两个区域之间分享城市发展的专业知识，并将其转化为涉及地方政府和民间社会伙伴的实际行动，以解决主要城市地区的问题。生态预算亚洲项目是亚洲Urbs计划的一部分，生态预算亚洲项目合作伙伴包括欧洲的2个地方政府——意大利的博洛尼亚、瑞典的韦克舍市和2个亚洲的地方政府——印度的贡土尔市和菲律宾的塔比拉兰市。该项目分为五个阶段：①培训和规划：参与者接受生态预算的培训，并制定总体项目的准备计划。②预算准备：当地项目团队准备并提交总预算草案。③执行：政府批准预算并传达执行目标和措施。④监测、控制和报告：目标监测和报告。⑤评估：编制和评估报告，进而调整亚洲范围内的生态预算。

生态预算亚洲项目始于 2005 年，印度的贡土尔和菲律宾的塔比拉兰参与试行了该项目，在欧洲 2 个伙伴城市的支持和帮助下，最终均取得了成功。本部分通过在这两座城市的试行实践过程分析可借鉴的经验，因为同属于亚洲发展中国家，经济发展和社会形态更有相似性，所以，它们的成功经验对于生态预算在北京及其生态涵养发展区的试行更有参考意义。

3.2.1 印度贡土尔市生态预算概况与实践经验

贡土尔市（Guntur）是印度一个重要的商业和城市农产品交易中心，是亚洲地区首次实行生态预算的城市。贡土尔市议会于 2006 年 7 月批准了生态预算方案并由贡土尔市政公司（GMC）着手实施。

3.2.1.1 贡土尔市生态预算概况

贡土尔市是印度南部的安得拉邦贡土尔区的首府，是一个重要的商业和城市农产品交易中心，该市最重要的农产品是烟草，是国家重要的外汇来源，也是文化和教育中心。贡土尔市通过生态预算管理自然资源，特别是在水质水量、废物管理、绿色城市和空气污染管制方面。贡土尔市在生态预算实施过程中采取了很多举措实现制定的短长期目标。贡土尔市政公司着力于使用所有现代化设施建设城市，其道路设计及固体废物处理方案、地下排水系统和合理有效的饮用水分配网络均值得称赞。该市还提出了一些城市创新管理方法，如 24 小时的公共投诉电话；记录生死的计算机系统；制定了公民宪章，规定解决各种公民问题的时间；显示财产税的区域细节以增加透明度；为了提高废弃物回收在垃圾箱上展示清理时间。在 2006 年 3 月 4 日的地方政府会议上，贡土尔市政公司批准了 2006~2007 年生态预算总预算。贡土尔市 2006 年的预算平衡表和 2007 年的总预算见附录 1。

3.2.1.2 贡土尔市生态预算的执行过程与经验

生态预算协调小组包括一位项目协调员和一位助理协调员，整个计划的实施涉及当地执行小组和一些政府部门官员：地方政府（地方机构和其他发展机构）负责实施生态预算；地方政府官员负责生态预算的准备和批准；市民和非政府组织参与到预算准备、优先问题的识别、生态预算行动方案的环境指标和目标；污染控制部门将提供有关环境状况的技术投入，各种环境行为、法规和环境指标与目标的发展。

总预算根据地方环境问题严重程度的优先次序选定 5 个环境问题：水质、水量、废弃物管理、绿色城市和空气质量。对于每个问题，贡土尔市政公司在指标的当前或基线价值的基础上制定了新指标，设置了短期和长期的目标。每个活动都会报告和监测，从 2006 年 9 月起，贡土尔市政公司开始实施上述总预算，该项目分为 5 个阶段。①生态预算培训和规划整体项目。②总预算的编制。③经委员会批准后执行预算。④监测、控制和报告。⑤地方报告的评估。

在水质监测上，贡土尔市政公司采购 2 台移动水质检测设备并指挥测试，由利益相关者委员会检查结果；并建立了一个水质测试实验室，每天能进行 30 个样本 14 项参数的检验，从而适时了解和监测水质，控制水源质量，达到了短期目标——每天 25 个样本的 14 项参数的监测。

为了量化水量，在 Takkellapadu、Nehru Nagar 和 Sangam Jaralla Mudi 的供水站安装流量计来记录和监测水量并引入现场计费系统；对供水系统结构进行改进：用新的 PSC 管道更换部分 RCC 管道；试验新的过滤装置，并加快氯化过程、pH 的报告和明矾混合过程。计划从 Krishna 运河到 Takkellapadu 新净水厂使用一种新的直径 900 毫米的 GRP（玻璃增强塑料）管道，以便全年都可以从 Krishna 运河取得原水，目前供应城市用水总量为 7000 万升/天，该地区 85% 的面积由 24 个水库的管道供水所覆盖，其余的 15% 由水车提供，额外的水库已计划在 4 个领域增加覆盖面。一系列的措施可以防止土壤渗漏，降低浊度，有助于供水量从 7000 万升/天增加到 11500 万升/天，从而实现城市中的全天候供水。

达到了饮用水供应的目标——120 升/（人·天），但饮用水流失的短期目标还需继续努力。

在固体废弃物管理上，以分阶段的方式实现零污染。第一阶段是垃圾回收系统的改进，包括增加车辆和基础设施的发展，如开发新的垃圾倾倒点或蚯蚓堆肥点。第二阶段是在源头上引入双箱垃圾回收系统，使垃圾在运输过程中分离。第三阶段是城市固体废弃物堆肥，再循环，在蚯蚓堆肥或填埋场中产生收益。贡土尔市政公司开展了一项运动来提高公众对塑料桶的分配和固体废物管理的意识，生态预算计划实施后，废弃物的回收和分类显著提高，回收了 60% 的垃圾并分离了 70% 的垃圾。在实现 100% 废物处理的过程中，缺乏资源和空间处置固体废物与公民意识不足是主要障碍。但在市政公司的努力下实现了短期目标。

贡土尔市政公司已经为美化城市开展了大规模的植树活动，在城市的各个地方种植了近 10 万棵树苗，以 10% 的存活率、每颗树苗占地 0.5 平方米来计算，约有 5000 平方米的面积被绿色覆盖，并种植 1 万多棵行道树形成 1400 平方米的绿色廊道。对现有公园、体育场、人行道和空地植草约 4330 平方米，规划为 15 条公路增加长约 12 公里的绿色隔离带。为了实现绿色覆盖面积的目标，耗资 200 万卢比，由贡土尔市政公司和 APUSP 联合经营九个绿地休闲场所。尽管没实现每 1000 个居民 100 平方米的绿地面积的短期目标，但每 1000 个居民也会有 89.6 平方米的绿地面积。

　　城市空气质量改善的指标包括悬浮颗粒物的监测和叫卖小贩正规化以避免道路交通拥堵带来的空气污染，贡土尔市政公司协同警察局和交通咨询委员会，采取一些改善措施，如建造停车场，拆除未经授权的私建地下停车场所，定期与污染控制局配合监测空气质量和注重交通规则与交叉路口的优化。贡土尔市政公司调查得知该城市 1732 名小贩中只有 450 名有营业执照，其余是流动经营，为了固定经营场所，给小贩提供了规定的贩卖区域，划分了 500 个绿色贩卖区域，12 个琥珀色贩卖区，12 个红色贩卖区，950 名小贩被指派在绿色和琥珀色区域的固定摊位，而其他的可以在红色区域流动经营。目前，已发放 1395 个营业执照，达到短期目标，但空气质量监测上还需改进技术，引进监测系统。

　　生态预算程序在贡土尔市是一套全新的地方执行方案，面临的最大挑战是公众支持，某些问题不是市政当局能完全处理的，因此很难成功地执行所有的行动而实现目标。此外，快速城市化和发展使得它难以准确预测方案所带来的改善。不同部门间的协调是有限的，因此，为实现目标市政当局所实施的某些措施的效率将会受到限制。财政资源和基础设施的缺乏也是实现目标的主要制约因素。

　　尽管有这些挑战，生态预算方案也在贡土尔市成功试行，创新性地解决了被辨认的资源问题，还在实施过程中产生了就业机会。在贡土尔市的生态预算计划中，虽然为每个问题设置了宏伟的目标，但也为它们选择了务实的指标，选择的所有资源都符合城市居民的基本需求，不仅有强烈的政治参与，也有普通民众参与实施，使该计划取得成功。

贡土尔的生态预算计划是由欧盟资助的生态预算亚洲项目的一部分，生态预算有足够的灵活性，不同城市的市政府可以根据自己的需要进行复制和效仿。该方法最初是为欧洲城市设计的，而已经相当成功地在亚洲的贡土尔市试行，足以说明这一明显的事实。

3.2.2 菲律宾塔比拉兰市生态预算概念与实践经验

3.2.2.1 概述

塔比拉兰市（Tubigon）是菲律宾的岛屿省份保和省的首府，人口 45893（2015 年），面积 82 平方公里。经济基础是农业、渔业和旅游业，经济发展能力取决于自然资源，尤其是农村和城市贫困地区：肥沃的土壤，干净的水，高生物多样性，高森林覆盖率，健康的红树林、海草和珊瑚礁。但化肥和农药的滥用、固体废弃物倾倒（包括有毒物质）、人口压力导致农业用地减少、非法采伐和森林火灾导致的森林资源缩减、沿海资源管理问题都对自然资源和生态环境造成威胁，塔比拉兰市决定实施生态预算作为地方环境管理框架，从而改善当地的环境和社区的生活条件。市政府看到了生态预算是连接市政目标、计划、战略、资源配置和绩效评价的平台，以促进可持续发展和减轻贫困。保和省拟以塔比拉兰市作为生态预算的试点，并根据实践经验向全省其他

47 个地区推广。

塔比拉兰市政当局于 2005 年开始实施生态预算，2005 年 11 月，塔比拉兰市提出并通过了第一个生态预算总预算，紧接着在 2006 年 12 月通过第二个总预算。

3.2.2.2　塔比拉兰市生态预算的执行过程与经验

2005 年 4 月组建了塔比拉兰市生态预算执行小组，该小组由 9 个来自不同机构和部门的政府工作人员组成，负责起草年度总预算和其他相关文件，市规划与发展协调办公室担任协调者角色。

公民和利益相关者的参与是塔比拉兰市政策实施过程中的一个重要组成部分，也是生态预算管理系统的重要组成部分。该过程开始于市发展委员会讨论生态预算指标、目标和措施，并鼓励他们直接和各自社区商议生态预算，该发展委员会由 48 名社会各阶层代表组成。总预算批准后，地方执行小组直接与不同利益相关者和公民团体共同实施计划措施，并举行非正式会议和社区大会来协调市民的参与度。

2005 年 6 月底，塔比拉兰市在高水平的地方参与下开始第一个生态预算周期，15 个市民和众多来自私营和非政府部门的代表出席了启动会议。因为生态预算是一项环境发展新举措，必须通过市发展委员会的许可。2005 年 7 月，在咨询和审议后，市发展委员会根据优先顺序、适用性和利益相关者的执行能力筛选了环境问题和关注点：饮用水、森林覆盖率、木材/果树、珊瑚礁和海草床，采石场原材料和良好的建筑环境。2005 年

7~10 月，市政府举办一些传播活动以保持公众参与度。2005 年 11 月 22 日，市发展委员会批准了 2006 年总预算草案，包括上述 6 项环境资源。然后，该总预算草案通过市议会审查，并通过环境委员会批准。2005 年 12 月，塔比拉兰市 2006 年生态预算总预算条例获得批准，并由市议会颁布。塔比拉兰市的总预算批准实施后，地方执行小组，连同一队保和省政府人员，为各市政部门编制年度工作计划，并纳入各部门年度工作计划。2006 年，各部门实施各种措施以达到在总预算中设定的目标，包括种植木材和果树，重新造红树林，建立一个新的海洋保护区，并实施一个生态固体废物管理计划。表 3-2 展示了塔比拉兰市制定的相关措施和责任分配。

表 3-2　塔比拉兰市制定的相关措施和责任分配

资源	指标	短期行动	监测频率	部门和个人的主要责任
饮用水	细菌实际来源（12 项之中）	（1）安装加氯消毒装置； （2）水质监测技术培训，包括采购饮用水水质监测设备； （3）环境卫生信息和环境管理意识	每月	水务局和卫生局： ——每月检测所有水源的细菌存在率； ——监测所有水源的氯
	悬浮颗粒的浊度/浓度	（1）建立基准数据（国标）； （2）安装过滤系统	每月	水务局： ——每月监测所有水源的浊度和悬浮颗粒； ——计划安装过滤器

续表

资源	指标	短期行动	监测频率	部门和个人的主要责任
红树林	覆盖率/重新造林	(1) 重新造林的地址; (2) 协助其他区域种植	每月	农业办公室: ——配合政府机构、非政府组织、志愿团体、学术界、镇领导开展植树造林活动; ——启动 LGU 和生态预算植树造林的信息系统
成材林/果树	新树苗种植	(1) 采购种植树苗; (2) 监测新树苗的种植数量	每月	农业办公室: ——监测不同部门种树的数量; ——监测在 Barangays 修建的树木苗圃
	覆盖率增加	监测新树苗的种植数量	每月	农业办公室: ——监测不同部门种树的数量; ——监测在 Barangays 修建的树木苗圃
珊瑚礁/海草场	建立的海洋保护区	(1) 地址; (2) 成立海洋保护区管理委员会; (3) 条例的通过和批准	每月	农业办公室: ——监测建立海洋保护区的数量; ——配合负有新建海洋保护区责任的组织的工作
	珊瑚礁 & 海草覆盖	监测海洋保护区的实物状况	每半年	农业办公室: ——监测海洋保护区实体状态; ——配合负有新建海洋保护区责任的组织的工作

2006 年 10～12 月，塔比拉兰地方执行小组起草预算平衡表来展示对总预算中设定的目标取得的进展。2007 年 3 月市政当局批准了预算平衡表，并于 2006 年 12 月批准了 2007 年的总预算。塔比拉兰市 2006 年的预算平衡表和 2007 年的总预算见附录 2。

2006 年预算平衡表结果显示：除了降低非收入水百分比这一指标，该市已实现其饮用水资源区的短期目标；已达到与建立海洋保护区相关的短期目标——2 个新的社区管理的保护区；实现珊瑚礁和海草床区，森林覆盖，木材和果树，以及良好的建筑环境（其中重点是固体废物管理）的短期目标；进展最慢的是采石场的材料资源，由于管辖权问题在本市很难取得进展。尽管如此，执行生态预算取得以下效益：加强市政府通过程序、培训和智力支持实施综合环境管理体系的能力；创造了适当的政策、程序和结构的有利环境，使市政府更有效地解决和协调当地的环境问题；允许市政当局率先在其内部行政程序和整个城市启动环境责任行为；促进政府恪守可持续发展的承诺；实现地方机构和利益相关者的强参与度。

塔比拉兰市政当局发现：强社会参与度会带来好的结果，市政当局自始至终都鼓励民间组织参与到正在进行的项目（如红树林造林）中来帮助实现生态预算目标。创建地方执行团队作为中央统筹小组和将生态预算纳入有关部门的工作计划，使生态预算的实施更简单。此外，塔比拉兰市的生态预算具体财务预算会降低，因为大部分为实现生态预算指标的活动所需的资金来源于各部门的年度预算分配资金。

因为塔比拉兰市政当局无权控制某些领域（如采石场），地方当局很难解决这些区域的问题，进展缓慢，通过与这些区域政府不同层次的讨论，塔比拉兰市政当局也解决了一些备受关注的问题，然而，市政工作人员认为需要上级政府更具体的立法改革才可能解决问题。

与解决环境问题一样，塔比拉兰市政当局发现生态预算可以用来缓解贫困和实现千年发展目标，如采石场的材料资源，替代生计项目是一个市政府工作目标。在饮用水资源方面，市政府已计划扩大供水服务区，以提供更多的清洁和安全饮用水，塔比拉兰市儿童死亡的一个主要原因就是不安全的饮用水导致腹泻。

塔比拉兰市政当局发现环境管理的公共教育是关键。在菲律宾，人们往往关注经济，优先关注餐桌上的食物而不是爱护环境。为了解决这种情况，塔比拉兰市政当局认为，需要更多的宣传和信息传播来提高公民的认识水平。塔比拉兰市已经取得了一些进展，但仍然认为在这方面有很多工作要做。

塔比拉兰市和其他已实施生态预算的城市的实践经验表明，生态预算可以很容易地应用在一个范围内的地方政府。该方法适用于世界各地，大城市和小城镇，发达国家和发展中国家，无论政治派别。生态预算也具有提高扶贫力度，实现千年发展目标的潜力。

3.2.3　小结

生态预算在 2 个亚洲国家的城市的成功试行为其在北京及其生态涵养发展区的试用提供了重要的借鉴，通过对这 2 个城市生态预算过程和结果的分析，可以总结以下经验：

第一，生态预算是一个可以普遍试用的环境管理方法，无论是发达国家还是发展中国家，它具有足够的灵活性，可以供不同城市效仿。

第二，公众的参与是生态预算实施成功的重要保证。在北京生态涵养发展区生态预算的实施过程中，应先广泛宣传环境知识和生态预算，让公众形成强烈的环保意识，而且应选取与人民生活息息相关的环境问题与资源，鼓励公民和社会团体积极参与到生态预算中，并提供各种渠道让公众可以建言献策和实施监督。

第三，强有力的政治保证也是成功试行生态预算的重要因素。所以，北京生态涵养发展区生态预算的实施过程中需要各区人大审核和批准，并由区长牵头，各相关部门协作完成。同时还需要一个北京市级的协调小组来统筹和指导各区的生态预算执行。

第四，可以模仿贡土尔和塔比拉兰市预算平衡表和总预算的表格设计，使用图示和表格展示生态预算的实施效果，特别是第二年的总预算表可以与上年预算平衡表设计在一起，便于横向与纵向的比较。

🌿 3.3 代表性城市生态预算方案比较

3.3.1 资源核算指标的比较

刘易斯市根据政府当局的要求，将气候、空气、城市垃圾、生物多样性、城市景观 5 个方面确立为生态预算指标。

博洛尼亚市的核算指标为大气、气候、安宁、绿地、原料利用、土壤。

费拉拉市根据地方环境核算报告 CLEAR 的核算指标拟定生态预算指标，包括土壤、大气、水、原材料、气候、安宁。

印度贡土尔市的生态预算指标重点包括水质和水量、固体废物管理、绿化、空气质量这 4 个方面。

菲律宾塔比拉兰市经过筛选获批的生态预算指标包括水、森林覆盖、果树、珊瑚礁和海草床、采石场原料。

3.3.2 生态预算实施目的比较

刘易斯市实行生态预算的目的是把生态预算作为当地《21 世纪议程》的补充，在与当地《21 世纪议程》相结合的情况下共同为政府环保管理做出贡献。

博洛尼亚市将生态预算引入战略环境评价 SEA，把生态预算作为机构活动的核心环境管理系统。

费拉拉市实施生态预算的目的是将其与城市和地方环境核算报告、《21世纪议程》联系起来，弥补现有环境管理方式的局限性，提高环境保护与治理的效率。

韦克舍市实行生态预算是为了提高政府环保部门的地位，增强其环境保护的能力，让政府部门成为环境保护的先锋。

印度贡土尔市实施生态预算的目的是通过参加ICLEI的年会，获悉生态预算的灵活性与有效性，借此帮助当局解决城市化带来的城市问题。

菲律宾塔比拉兰市实施生态与预算的目的是降低环境资源的威胁，量化现有的环境举措的影响，提升环境治理能力，改善地区的环境和生活条件。

3.3.3　生态预算实施过程中独特之处分析

刘易斯市在实施生态预算时的独特之处在于设立了两个预算小组，分别负责宏观管理工作和微观控制工作。

博洛尼亚生态预算的独特之处在于其将生态预算与"市长目标"结合起来，以这种方式可将市政府具有政治纲领的目标与一套透明的可量化的生态预算目标相联系，让生态预算帮助博洛尼亚更有效地协调市政项目，并为这些项目提供更好的管理结构。

费拉拉市生态预算的独特之处在于其指标目标是依据费用—效益分析原理确定的，综合相关群体的利益，用最小的社会成本达到最高的环境效益和经济效益。此外，费拉拉市还创新地为预算指标做指标档案和收支账目，规范预算的执行。

韦克舍市生态预算的独特之处是将环境管理与财政管理相联系，使生态预算流程直接按照财政预算流程时间实施。

印度贡土尔市生态预算的独特之处是为了获得当地公众的认可和支持，生态预算草案优先选择的环境问题都是基于城市人口的基本需要，与市民生活息息相关。

3.3.4 生态预算实施带来的效益比较

刘易斯市通过生态预算弥补了地方《21 世纪议程》和审计体系 EMAS 的不足，改善了城市环境质量。

博洛尼亚市通过生态预算为战略评价体系提供了操作工具。

韦克舍市通过生态预算为社会不同利益全体讨论城市环境资源管理提供了一个自由交流的平台，改善了当地的环境问题。

费拉拉市通过生态预算弥补了传统环境核算体系的不足，对《21 世纪议程》中的优先领域进行实物核算，提升了费拉拉市政府的环境治理和管理能力，从而改善当地的环境及生活条件。

印度贡土尔市引入生态预算，促使环境问题被纳入该市的城市化管理进程，为城市环境治理带来了较高的成功率。

菲律宾塔比拉兰市通过生态预算加强了城市环境管理的能力，为该市更有效地处理和协调地方环境问题创造了合适的政策、步骤和结构，引领整个城市都担负起环境治理的责任。

3.4 示范城市生态预算试行的经验借鉴

3.4.1 与我国目标责任制结合

综观以上 6 个代表性城市的成功实践可知，生态预算的理论方法对任何城市都有推广价值。在世界范围内不同规模的地方当局，其政治、行政结构和制度各不相同，但是都可以实施生态预算，因为生态预算具有灵活性，能够广泛试用。在实施生态预算时各城市没有统一的指标体系，可以依据地区实际资源状态自由地、有选择地确定预算方案。以上 6 个城市在实施生态预算过程中就将生态预算与 ISO14000、EMS、LA21 等环境管理办法联系起来，取长补短。

北京在实施生态预算的时候要因地制宜，结合北京实际情况，将生态预算与我国的环境保护目标责任制联系起来，帮助各层政府对环境目标进行持续性的反馈控制。环境保护目标责任制能够以责任制的方式约束政府部门的行为，但是在实际过程中也出现很多问题，如各管理部门无法充分交流协调，在执行中各部门因目标冲突无法完成任务；各部门目标考核方法不一致，考核程序随意、流于形式；等等。而生态预算本身是一种综合持续的环境治理模式，预算的实行需要各部门统筹合作，生态协调小组能较大程度解决部门冲突问题，指标档案的建立也能在人员变动的情况下保证预算执行的连续性。将生态预算与我国的环境保护目标责任制联系起来，能够取长补短，帮助部门在执行过程中互相协作，形成一个交叉的约束模式。

3.4.2 提高社会公众参与度

6个生态预算代表性城市在预算的整个实施过程中都有广大群众的参与，集思广益。特别是贡土尔市生态预算团队从编制到执行阶段都与政府官员、公民团体、医院领导、非政府组织等开展工作组会议，广泛吸收社会公众的意见。生态预算是一个全面性、全员性的举措，要提高社会公众参与度，就要使人们意识到生态预算光明的发展前途，以提高其对生态预算的兴趣。北京在实施生态预算时，政府要鼓励企业、公民去自觉履行各自的职责，让公众意识到每个个体都在生态预算执行过程中必不可少，让不同的社会主体共同探索出一种适合我国的生态预算结构，实现社会城市的可持续发展。

3.4.3 成立专门的生态预算小组

生态预算是一个复杂、专业又庞大的环境治理方式，需要专门的人员操作。北京在实施生态预算的时候可以借鉴国外城市经验成立一个生态预算研究小组，全面负责北京市生态预算的准备、实施、评估等工作。生态预算小组的工作方式与财政部门类似，是负责起草和跟踪执行环境预算的中央机构。该职位人员可由现有的部门或专门为该任务设立的部门提供。

3.4.4 借鉴印度贡土尔市经验确立优先考虑的环境问题

印度贡土尔市在实施生态预算过程中，为了获得当地公众的认可和支持，生态预算草案优先选择的环境问题都是基于城市人口的基本需要，与市民生活息息相关。在制定北京市生态预算方案时我们也可以把与社会公众息息相关的环境问题作为优先考虑的预算指标，把广大群众的身体健康和生活质量作为北京实施生态预算的愿景和目标，从而能够提高社会公众的参与度，保证政府和利益相关者之间实现更深层次的交流和沟通。

3.4.5 借鉴费拉拉市经验确定生态预算指标并制作指标档案

费拉拉市根据地方环境核算报告 CLEAR 的核算指标拟定生态预算指标，并做成指标档案，以方便查阅和确定责任。北京市"十三五"规划是通过研究当今北京市发展现状，综合考虑各方面因素，由专业人员经过不断调研分析最终合力编制而成的，契合北京市现阶段的发展要求，是一种纲领性指导文件。在决定生态预算的指标时我们可以借鉴费拉拉市的经验，从北京市"十三五"规划中重点关注的环境生态问题确定北京市生态预算指标并制作指标档案。

3.4.6 借鉴费拉拉市经验对生态预算政府绩效进行考评

费拉拉市在年度周期内执行完生态预算后会检验政府目标实现情况，通过核对预算年度目标的完成状况判定预算目标的制定是否合理可行。在北京市实施的时候可以借鉴费拉拉市经验，建立一个全面、高效的评价体系，对政府生态预算绩效进行考评，监督政府行为，为利益相关者评价政府生态预算的执行情况提供考量的标准。

4

北京市及其生态涵养区实施
生态预算的可行性分析

4.1 北京市及其生态涵养区生态资源概况

4.1.1 北京市生态资源概况

北京市在华北平原北部，土地面积 16410.54 平方公里，全市共辖 16 个区。地势西北高、东南低，西部、北部和东北部三面环山。气候为典型的暖温带半湿润大陆性季风气候，夏季高温多雨，冬季寒冷干燥，春、秋短促。北京市地域广阔，地质条件多样、植被种类和矿产资源丰富、动物品种繁多，良好的生态资源状态适合人类生存。在矿产资源方面，北京目前已发现的矿种及列入国家储量表的分别为 67 种及 44 种。北京市没有天然湖泊，拥有 85 座水库且水库水质情况较好；矿产资源类型多；资源量大，是北京市重要的战略型后备资源。矿产资源的开发利用为北京市能源资源的供给和生产方面提供了广阔的渠道和发展方向，有利于优化北京市能源资源的生产消费结构。植被种类丰富，植被覆盖指数不断增加，土地胁迫指数保持稳定，生态状态良好。

北京作为政治、文化、国际交流中心和技术创新中心，是世界著名古都和现代化国际城市。作为国家制造业研发基地，一直以来重视经济发展。经过几十年重资源开发、轻资源保护的粗放型经济增长模式，北京市越来越多的土地被开发利用新建成为住宅区、商业区等，城区的植被也在逐年减少，城市绿化面积较小，河流、空气和土壤都受到污染，环境治理迫在眉睫。目前最严重的环境问题是大气和水污染，加上城市规模的扩张、城市化进程的加快、私家车数量的增多导致了北京市空气污染日益严重，雾霾频出，二氧化氮、可吸入颗粒物、二氧化硫年平均浓度均未达到国家标准。北京河流水污染也比较严重，水资源中的污染主要是有机物导致的，污染指标为化学需氧量、氮氧和生化需氧量。依据我国当今较为完善的监测体系、相对健全的环保技术创新应用体系和大量的专业人员，这些自然资源的数据都可被获取，为北京市实施生态预算提供了条件，保障北京市具有实施生态预算的前提基础。

4.1.2　北京生态涵养区生态资源概况

北京生态涵养区是首都重要的生态屏障和水源保护地，是城市的"大氧吧"和"后花园"，在北京城市空间布局中处于压轴的位置，地位和作用极为重要。北京生态涵养区包括门头沟、平谷、怀柔、密云、延庆5个区，以及昌平区和房山区的山区部分，土地面积11259.3平方公里，占全市面积的68%；2017年常住人口266.4万人，占全市常住人口的12.3%。该区域大多处于山区或浅山区，生态质量良好、自然资源丰富，但工业基础薄弱，产业发展空间相对较小。本书将以门头沟、平谷、怀柔、密云、延庆五大生态涵养区为基础进行分析。

门头沟区地处北京西部山区，是具有悠久历史文化和优良革命传统的老区。总面积 1448.9 平方公里，山地面积占 98.5%。全区以山地为主，地势由西北向东南倾斜。西部山区山形挺拔高峻、层峦叠嶂，海拔 2303 米的北京市最高峰东灵山坐落于此。境内的主要河流是永定河及其支流清水河，属于海河水系。

平谷区地处京津冀三省市交界处，环渤海经济圈的中心位置。位于北京东北部，总面积 1075 平方公里，地势由东北向西南倾斜，中间平缓，呈倾斜簸箕状，东南北三面环山，中部、南部为冲积、洪积平原，山区、浅山区、平原各占 1/3，有 17 座海拔千米以上的山峰；中低山区占北京市山地面积的 4.5%，是林果的发展基地；平原地区水源充沛，土壤肥沃，为主要粮菜区，耕地面积 11.51 万亩。平谷素有"宝山神水"之称，境内有泃、洳两河，水库 3 座，其中海子水库库容 1.21 亿立方米，灌溉面积 7.4 万亩，是北京市重要的农副产品基地。

怀柔区是北京市的远郊区，地处燕山南麓，位于北京市东北部。总面积 2122.6 平方公里，境内多山，有名称的山峰 500 座，海拔在 1000 米以上的有 24 座，山区面积占总面积的 89%，山地是北京的绿色长城、天然屏障。其中 97.1% 的面积为首都一、二、三级饮用水源保护区，属于潮白河、北运河两个水系的 4 级以上河流 17 条；有山泉 774 处，有水库 18 座。层次鲜明地分为深山、浅山、平原三类不同地区，宜林山场林木覆盖率为41%。怀柔区的板栗产量和出口量均占全市70%，是全国最大的西洋参种植基地。

密云位于北京市东北部，属燕山山地与华北平原交接地，是华北通往东北、内蒙古的重要门户，有"京师锁钥"之称。自然地貌特征为"八山一水一分田"，境内总面积2229.45平方公里，是北京市面积最大的区，其中山区面积占79.5%，平原面积占11.8%，水域面积占8.7%。东、北、西三面群山环绕；中部是密云水库，西南是洪积、冲积平原，总地形为三面环山，中部低缓，西南开口的簸箕形。境内有大小河流14条，潮白河纵贯全境，有中型以上水库4座，密云水库是首都的重要水源。

延庆地处北京市西北部，平均海拔500米以上，气候独特，冬冷夏凉，素有北京"夏都"之称。面积1993.75平方公里，其中山区占72.8%、平原占26.2%、水域占1%。延庆区北东南三面环山，西临官厅水库的延庆八达岭长城小盆地——延怀盆地，海坨山为境内最高峰，也是北京市第二高峰。地处永定河、潮白河水系上游，属独立水系。县内有Ⅳ级以上河流18条，年流域总量1.9亿立方米，其中Ⅲ级河流2条（白河、妫水河）。现有水资源总量7.8亿立方米，人均水资源占有量2088立方米。境内现存有华北地区唯一的原始油松林。

❧ 4.2　生态预算在北京及其生态涵养区试行的可行性分析

因发展而产生了对环境临时或永久、短期或长期、可弥补或无法挽回的影响，当务之急是地方当局要评估其影响程度，如保证饮用水供应是一个城市的责任，然而，除非水源受保护，否则它可能干涸或被污染；同样，对垃圾的回收和处理是市政的责任，会花费成本，会有成本效益，但有利于环境保护。每个区域都有几个需要关注和优先解决的环境问题。生态预算的目的是选择适当的措施、指标来评估绩效，以分阶段的方式设定目标，估算执行成本，确定市政当局如何实现这些目标，实践经验表明，即使在短期内也会收获成效。所以，生态预算在发展中国家也是可行的。下面结合北京及其生态涵养区进行可行性分析。

4.2.1　现有环境预测方法提供前提保障

我国现有的环境管理预测方法已达到 150 多种，能够帮助生态预算建立适当的数学或物理模型来预测。在监测手段方面，北京有完善的大气自动化监测器、地表水的自动监测站、交通噪声自动显示监测系统等，这些监测工具为生态预算提供了一些基础数据和信息资料。在环境审计业务方面，我国目前的环境审计业务内容虽然无法直接为生态预算提供数据，但是出台的一些环境报告文件为生态预算审计提供了更为坚固的保障。依据我国当今较为完善的监测体系、相对健全的环保技术创新应用体系和大量的专业人员，这些自然资源的数据都可被获取，为北京市实施生态预算提供了条件，是保障北京市实施生态预算的前提。

北京及其生态涵养区的环境管理技术较为全面，环境监测主要包括环境质量监测和污染源监测，并且覆盖大部分环境资源，为生态预算方法的开展提供技术支持。另外，各个生态涵养区都制定了相关的自然资源和环境管理的长期目标和年度目标，并以文件的方式发布，如《2013~2017年清洁空气行动计划》、每个年度的《"煤改清洁能源"和"减煤换煤"工作方案》《水污染工作方案》和《加快压减燃煤和清洁能源建设工作方案》等，为生态预算各目标的设定提供支持。

4.2.2 国外生态预算实践经验为北京提供借鉴蓝本

我国对生态预算的研究目前还处于初步探索阶段，还有很长的路要走。国外的生态预算经过几十年的发展实践已经积累了很多经验教训。如由 ICLEI 为当地政府开发的生态预算网络中心，里面详细介绍了国外代表性城市实施生态预算的方法，想要实施生态预算的城市可以利用网络中心在预先格式化的表格中构思其主预算，并自动计算其预算平衡。国外的经验能为北京实行生态预算提供借鉴蓝本，帮助探索出一条符合中国特色的城市生态预算体系，提升北京生态的可持续发展水平。

4.2.3 政策支持是生态预算实施的坚强后盾

与任何管理系统一样，生态预算需要顶级的政府支持和积极的高层参与。"十三五"时期，党和政府继续加强生态文明建设，坚持走绿色、健康、科学的发展道路，加大环保力度，加快污染治理，努力把北京建设成为绿色低碳的宜居城市。例如中央政府 2017 年发布的《生态红线》指导方针中强调对北京部分地区实行强制和严格保护，在 2017 年底前划定重点生态保护红线。"红线"战略将覆盖具有重要生态功能的地区，包括自然保护区、特殊物种保护区，以及易受土壤侵蚀、沙漠化的生态脆弱地区。生态保护"红线"布局能够促进地区的生态功能优化、生态资源安全化。国家领导人习近平呼吁建设社会主义生态文明，强大的政策支持为北京市生态预算实施提供了坚强后盾。

北京生态涵养发展区的定位是生态屏障和重要资源保证地，构建以"绿色农业""生态工业""休闲旅游业"等为特色的生态经济体系；社会事业全面发展，公共服务能力大幅提升；水源涵养区保护能力稳步增强；形成生产发展、生活富裕、生态良好的特色功能区域。因此，该区域的生态治理能得到较大的政策支持，如 2015 年度的市级考评会议上提出生态涵养区侧重考评生态保护并不再考评 GDP；平谷将建生态文明责任终身追究制度，2018 年 10 月北京市委、市政府印发了《关于推动生态涵养区生态保护和绿色发展的实施意见》，推动生态涵养区深入落实功能定位。近年来各个生态涵养区用于节能环保的公共财政支出增长迅速，同时，各区制定了近、远期生态保护计划，开展生态项目工程，在治理水域、空气和林区方面有着大量的实践经验。如门头沟区绿色廊道生态景观工程，平谷区同步实施洳河亲水绿道及景观绿化工程、城乡环境建设和新城绿道工程，密云区推进河湖水系连通及水资源循环利用，延庆区实施"四季花海"沟域二期工程建设等。

4.2.4　从政府到社会公众的重视可保障顺利实施

北京作为首都，从政府到公众都更加重视环境保护的生态屏障和水源保证功能。政府举行大量有关环境保护的活动，加强了环境保护的宣传和公众的环境保护意识。而公众作为生态预算的监督主体，积极参与的意识和环保意识会促进生态预算的实行，反过来也增强了政府对环境保护的重视和对生态预算执行的积极性。各区积极开展预防雾霾知识宣传活动和环保宣传活动，设置书记和区长邮箱供人民建言献策，而且对政府重大决策和工程项目展开民意征集，培养人民参与意识，提供参与的渠道，更好地实现政府职能。就区域经济发展而言，近年来各个生态涵养区的第一产业大部分都呈现负增长，第二产业增长缓慢，第三产业高速增长，且增速都在增加，均超过各区的生产总值的增长速度，生态涵养区依据区域丰富的自然资源和旅游资源已经成功转型，主要依靠第三产业带动经济，所以，如果自然资源和生态环境管理不当，将会严重限制各生态涵养区经济的发展，如司马台等旅游景区的环境保护，密云水库的水质保护，都会影响到其经济发展。并且北京生态涵养区的生态环境不仅影响到本地区，也关系到整个北京市，甚至京津冀的生态环境，更威胁到人民的基本生活，如水资源的污染或缺乏将直接影响首都的供水。较大的影响范围使其环境治理更易引起管理当局的重视。

4.2.5 多层次的审计体系保障生态预算审计的科学规范

北京市目前有相对系统、完整的审计机制，有包括政府审计、社会审计和内部审计在内的多层次审计机构，完整的审计体系保证了北京市实施生态预算审计的客观性与独立性。在审计标准方面，经过多年的完善，北京市目前已经建立了较为完备的环保政策和指导性战略规划，针对污染物的排放有科学合理的排放标准，对北京市生态预算的审计提供了衡量的尺度，让预算审计更加科学规范。

综上所述，在北京及其生态涵养区试行生态预算方法来管理环境资源的条件较成熟，将其纳入区域规划的范畴也更加容易。

5

北京及其生态涵养区实施
生态预算的方案设计

本章旨在设计北京及其生态涵养区 2019 年的生态预算方案，理论上应该在 2018 年下半年开始进入准备阶段，按照财政预算的惯例，从 2018 第三季度开始准备，以 2017 年及之前的数据作为基准数据，并且可以借鉴韦克舍市的经验，同时建立生态预算与财政预算，将二者合并成一个报告，整合政府的环境管理和财政管理的职能，因为二者的预算周期一致，预算流程也几乎保持一致。

　　根据已有的生态预算流程，结合北京及其生态涵养区的实际，确定生态预算的步骤为：预算前的评估、编制预算、预算批准、预算执行和预算评估；生态预算流程如图 5-1 所示。

　　在预算年度开始时，第一步是确定相关部门在整个过程中的角色和责任，建立预算的指标，制订计划的时间表，分析法律框架、已采取的措施和管理结构之间的关系等。第二步是生态预算的关键，设立总预算：根据当地环境状况选择需要列入预算的自然资源，并确定每项资源的具体指标。相关自然资源应制定保护的优先等级，同时应该设立一个长期目标并分解成短期目标。第三步是将总预算提交审查，以确保预算真正实施。第四

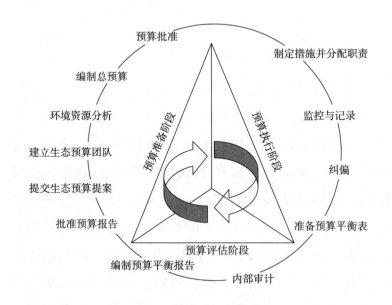

预算批准

制定措施并分配职责

编制总预算

环境资源分析

监控与记录

建立生态预算团队

提交生态预算提案

纠偏

批准预算报告

准备预算平衡表

预算准备阶段

预算执行阶段

预算评估阶段

编制预算平衡报告

内部审计

图 5-1　生态预算流程

步是预算执行和控制，需要考虑到为达到预算指标采取的相关措施，可能发生的对自然资源造成影响的事件，确保责任相关部门履行职责，已有政策和措施的实行等。第五步是在一个预算年结束后，编写预算平衡表，明确短期目标的完成情况，根据相关情况适当调整长期目标并制定下一个预算年的短期目标。

在整个预算过程中，所有的参与者大致可以分为下列四类：

（1）责任主体：在欧洲一般是城市议会，直接参与生态预算审核。北京及其生态涵养区的责任主体应该是北京市人大及各区人大，主要负责审核生态预算的提案、总预算表和预算平衡报告，监督整个预算的执行。

（2）管理主体：由政府官员组成，一般是一个地方政府的首脑。北京市的管理主体应为市长或市委书记，生态涵养区的管理主体应是各区的区长或区委书记。主要负责整个生态预算过程的组织管理，包括提交生态预算的提案、确定各部门的相关责任等，同时也应在管理主体之间、执行主体和公众利益相关者之间进行适当的协调沟通。同时，还要确定市级的具体协调机构来统筹、指导和协调北京及其生态涵养区的生态预算的整个过程。

（3）执行主体：参与生态预算环节的管理部门人员，包括各部门的领导、工作人员和专家顾问等，也包括政府相关部门委托提供公共服务、承担特定义务的服务性公司。北京及其生态涵养区的执行主体包括所有参与预算环节的市级及各区政府部门，如水利局、生态环境局、园林绿化局等以及相关的社会团体和专家团体。它们是生态预算主要的实行者，根据执行部门的计划，制定属于自己责任范围内的相关自然资源的治理计划，以达到规定的目标值。

（4）公众利益相关者：是一个相当大的范围，包括北京及各生态涵养区的企业、金融机构、民间组织和地方委员会等。除了辅助管理主体实行预算，更多的是对执行主体和管理主体的监督。不同于责任主体的内部监督，公众利益相关者代表的是来自社会的外部监督。

因北京市与其生态涵养区的生态环境现状不同，关注的资源重点也有所不同，因此对北京市和各生态涵养区分别进行方案设计，二者生态预算流程相同。但因不同生态涵养区的资源种类和关注点不同，加上以前年度数据多来源于统计年鉴，统计口径和细分类又有细微的差异，因此在不同阶段的具体处理方法和细节又不尽相同；如政府真正推行生态预算，不同资源预算口径和具体处理方法需要各主管部门的专家多方论证后确定更为科学。

5.1 方案一：北京市生态预算方案设计

5.1.1 预算准备阶段

预算准备阶段是非常重要的基础性环节，预算前的评估对于第一次实行生态预算的地方政府而言尤其重要。在这一步骤中，必须成立一个跨部门的生态预算团队，进行整个过程的角色分配和责任分配。生态预算团队在全过程中具有管理和执行生态预算的责任，并需市政国有企业、非政府组织和其他当地利益集团代表协助完成。主要工作是提交生态预算提案以获得批准；确立过程的参与度和活动时间表；调查现有的环境和资源情况，并初步分析可能需要优先解决的环境问题；了解法律框架、已有的制度措施和环境影响的内在联系；制定报告的结构与用于管理指令和内部审计的框架，该文件可作为理事会和公众判断优先资源、资源消耗和评价估算的基础。其中分析环境问题的优先级是第二阶段的基础和关键。

5.1.1.1 建立生态预算团队

鉴于之前北京市尚未实施生态预算，因此需要先组建一个生态预算团队。生态预算团队共同负责生态预算的编制、实施，是整个生态预算过程的主体。生态预算团队的设立必须保证地方环境预算与资源使用利益的独立性。例如，生态预算统筹协调的职能不应移交给政府的某个部门。此外，部门的任务简介内所列的环境预算任务及有关雇员的工作情况，不应与涉及使用资源的其他任务相结合。

因此，生态预算团队成员中，至少要有一部分政府高级官员，也必须有所有相关部门的代表，可由 10 人组成，分别从北京市生态环境局、市园林绿化局、市水务局、市规划国土委、市气象局、市交通委、市农业局、市城市管理委、市财政局等部门中抽调，按照专业能力、资历等方面要求内部公平、公开、公正推选出一人参与生态预算团队，最后 1 位人员从人民代表大会中讨论选举产生，独立于前面的 9 个政府机构，在生态预算团队中协调各部门的问题。生态预算团队的工作方式与财政部门类似，是负责起草和跟踪执行环境预算和预算平衡的中央机构。各生态涵养区可参照北京市生态预算团队建制设立区级团队。

北京市首次实行生态预算，在相关经验不足、对生态预算的了解程度等还不够深入的情况下，第一次实行过程中不可避免地会产生问题，例如在制定相关资源的具体指标时可能不够科学，相关部门的责任义务不够明确，缺乏应急措施，生态预算审计对传统社会审计人员来说有环境专业知识方面的欠缺等。只能依靠现有的欧亚国家已经试行成功的经验，特别是亚洲的 2 个城市，因为意识形态和经济发展模式上有相似的地方，所以在决定实行生态预算之后，先组织一个团队学习研究生态预算在国外实践成功的经验。建立生态预算团队的模式，也可以参照菲律宾塔比拉兰的双团队模式，即协调小组和执行小组。具体而言，在前面已经建立的生态预算团队的基础上建立协调小组，协调小组成员应在部门协调方面有较多经验，并且有一定权威，负责处理部门间的交流、协调和管理；执行小组包括各市长或区长和相应级别来自不同政府部门的高管和工作人员，由市长或区长领导，各部门积极配合执行，而因为相关经验的缺乏，也可以适当聘请有关专家协助制定规划，负责制定整个系统的重要战略规划。这样不仅让各部门职责分明，也能避免各部门之间的冲突，有利于生态预算的效率。

5.1.1.2 提交生态预算提案

在生态预算的起初阶段，北京市应先提交生态预算提案到北京市人大，并通过北京市人大会议的讨论和审核，权衡利弊后批准该提案，将生态预算的实施提升到人大会议商议的高度，有利于后续执行工作的开展。从管理效率的角度看，需要把生态预算作为城市环境管理的重要手段之一，这同样需要通过人大的审批，以便以后更好地推行。在地方政府中，通常会有一部分人率先接受生态预算这种新的环境管理工具，就需要他们在政府会议中提出建议，并将之列入待议事项。

在这个阶段，参加审核的人大委员需明白生态预算的作用和目的，同意将生态预算列入环境管理体系，而不需要考虑指标、目的或具体措施。毕竟这是一个全新的环境管理方法，我国还没有实施的先例，出于谨慎考虑，可以先引入该系统来完成一个为期3~5年的试点项目，积累经验后再决定是否正式纳入城市环境管理系统，可先在北京市及其生态涵养区试行，并总结最终的实施效果和经验，不断修正和调整再予以推广。

5.1.1.3 确定生态预算科目

生态预算可以采取事前基础报告的方式，这一基础报告收集的信息在提交审核前可以被不同的部门使用，这也是整个团队第一次被要求对接下来一年的资源消耗情况做出预测，基础报告提供的信息可以让团队在环境状况、法律或政策性框架和局部环境区域等方面预测发展趋势，而专家则可以预估现实价值。事前分析需要汇总出一张名为《环境资源报告》的表格，包括：对环境消耗需求的预测——在接下来的环境预算年度根据计划和日常运作致使的变化预期需要的自然资源消耗量；当前和前一年环境资源消耗量；影响当地资源的外部趋势；地方政府未来的发展计划；地方当局已采用的现有的管理工具。

因为北京及其生态涵养区计划于2019年执行生态

预算方案，而目前 2018 年的相关数据和统计年鉴未发表，无法获取 2018 年的数据，则统计 2015 年、2016 年、2017 年环境资源的具体数据，并根据 2017 年计划措施和日常运行的变化预测 2019 年环境资源消耗计划，为生态预算短期目标的设定奠定基础。

在分析北京市"十三五"规划及政府部门和利益相关的社会团体需求基础上，按照可操作性、可预测性、针对性的原则选取了水资源、空气质量、园林绿化、土壤、噪声、垃圾处置这 6 个纳入北京市生态预算总体框架表的具体自然资源种类（见表 5-1）。

表 5-1　北京市生态预算科目

科目	环境问题	产生的压力
水资源	河流污染	可用的淡水水资源减少
	水资源浪费	
空气质量	大气污染	大气质量降低
园林绿化	生态破坏	城市绿化减少
土壤	土壤污染	土地荒漠化
	不合理开发	
噪声	交通和区域噪声	影响居民安宁的生活环境
垃圾处置	工业和生活垃圾	环境污染危害人体健康

5.1.2　各类资源预算表

在准备阶段，指标体系确定后，需分别委托相关的参与部门编制总预算框架表，这是准备阶段的主要内容，也是政府、公众的主要参考文件。主预算表是生态预算实施的总体规划和指导要素，用一组简明易懂的指标描述，每个指标都与定量的长期和短期目标相关，提供参考年、短期目标（年度）和中长期目标（3~5年）的数字。生态预算小组需要将绘制的总预算框架表上报给人民代表大会进行审批，审批机关经过辩论、听证、修改、投票表决的形式最终确定北京市生态预算草案，并作为法律文件生效执行。

北京市"十三五"规划是结合北京市环境治理举措，经过各个领域专业人员的统筹规划最终确定的，具有科学性和可行性，对当前北京市环境治理具有指导性作用。因此在为北京市编制生态预算总预算表的过程中，中长期目标的数据在依据北京市"十三五"规划的基础上，根据北京市资源与环境状况，制定以下目标（见表5-2）。

表5-2 北京市中期规划环境主要目标

类别	序号	指标	2022 年
总量控制	1	PM 10年均浓度（微克/立方米）	<56
	2	氮氧化物排放量（万吨）	11.008
	3	化学需氧量（万吨）	13.8976
	4	二氧化硫排放量（万吨）	4.984
	5	二氧化硫年日均值（毫克/立方米）	<0.0098
	6	二氧化氮年日均值（毫克/立方米）	<0.04
	7	用水总量（亿立方米）	<43
	8	区域环境噪声平均值（分贝）	<55
	9	道路交通干线噪声平均值（分贝）	<70

续表

类别	序号	指标	2022 年
环境质量	10	恢复湿地（公顷）	>8000
	11	新增湿地（公顷）	>3000
	12	森林覆盖率（%）	>44
	13	城乡建设用地（平方公里）	<2800
	14	好于Ⅲ类水体比例（%）	24
	15	劣Ⅴ类水体比例（%）	<28
风险防治	16	生活垃圾处理率（%）	>99.8
	17	新改扩建污水处理厂或再生水厂（个）	>44
	18	城镇污水处理能力（万立方米/日）	>726
	19	再生水利用量（亿立方米）	>12
	20	新建和改造污染管网（公里）	>1347
	21	标准煤用量（万吨）	<7651
	22	公交行业新能源、清洁能源车辆比例（%）	>70
	23	新能源、清洁能源环卫车辆比例（%）	>55
	24	污水处理率（%）	>95

资料来源：《北京市"十三五"时期环境保护和生态建设规划》。

对于各类资源年度目标的确定主要是在结合北京市资源现状近几年的趋势基础上根据时间序列模型中的移动平均法、趋势分析中的定基指数和环比指数推算出来的。

设观测序列为 y_1，$y_2\cdots$，y_T，移动平均法建立的预测模型公式如下：

$$\hat{y}_{t+1}=\frac{1}{N}(\hat{y}_t+\hat{y}_{t-1}+\cdots+\hat{y}_{t-N+1})\ (t=N,N+1,\cdots)$$

趋势分析法是财务报表分析中常用的会计分析方

法，既可用于研究一定时期报表各项目的变动趋势，对报表进行整体分析，又可对某些指标的发展趋势进行分析。在编制北京市生态预算草案时，笔者也借助了趋势分析法中的定基指数、环比指数来预测预算的年度目标数值。

在指数数列中，按所采用的基期不同，指数可分为定基指数和环比指数。定基指数是指在指数数列中都以某一固定时期的水平作为对比基准的指数；环比指数是指在指数数列中随着时间的推移，每期的指数都以其前一期的水平作为对比的基准。

在预测年度目标中，当各类资源近几年的统计数值呈现不规则变化且随时间波动起伏较大，不易看出发展趋势时便采用简单移动平均法分析预测未来趋势。当各类资源近几年的统计数值是线性变化时则采用定基指数和环比指数推算年度目标。如果数据呈现线性变化且各年波动情况不大时采用定基指数预测，选择同一个固定的参考基期，更能直观体现数据在较长时间内的变动情况，让数据互相之间更具可比性；如果数据呈现线性变化但各年波动情况较大时采用环比指数预测数据趋势，能够让预测出来的数据更灵敏，贴切现实生活中的环境背景及环境政策。

北京市的自然资源种类很多，但是在制定北京市生态预算的时候按照占北京市自然资源比重大、与北京市的城市发展关联大、事关国计民生福祉这3个标准选择了以下指标作为北京市生态预算指标。

5.1.2.1 水资源预算

按照政府统计年鉴的口径确立水资源生态预算的预算框架表。在水污染治理方面，北京市政府未来 5 年为改善水环境预计投入 196.9 亿元。北京市水污染治理已经取得了很大成就，截至 2015 年水体中化学需氧量（COD）、氨氮（NH_3-N）年均浓度分别下降 16.0%、23.6%，全市污水处理率达到 87%。北京市政府预计继续加大老旧供水管网、污水处理厂、再生水厂的建设，保证首都用水安全；支持流域生态环境改善，对黑臭水体开展整治工作，2020 年使北京市污水处理率大于 95%。

北京市 2017 年贯彻实施了"河长制"的治水方式，通过各区按月向 17 位"河长"汇报水质情况，督促了水资源治理工作，保障落实水质改善责任。此外，北京市 2018 年也正式实施了《中华人民共和国水污染防治法》，并与河北政府合作共同完善了官厅饮用水源保护区的保护方案。这些举措都有利于提升水资源治理进度。因此在数据预测模型的基础上，笔者针对这些措施对预测数据进行了微调（见表 5-3），保证目标更加科学可行。

表 5-3 北京市水资源情况环境预算

项目 ＼ 年份	2013	2014	2015	2016	2017	2019	2022
全年水资源总量（亿立方米）	24.8	20.3	26.8	35.1	29.8	27.36	28.46
地表水资源量（亿立方米）	9.4	6.5	9.3	14	12	10.24	10.5

续表

项目 \ 年份	2013	2014	2015	2016	2017	2019	2022
地下水资源量（亿立方米）	15.4	13.8	17.4	21.1	17.7	17.08	17.9
人均水资源（立方米）	118.6	94.9	123.8	161.4	137.1	127.16	131.8
全年供水总量（亿立方米）	36.4	37.5	38.2	38.8	39.5	38.08	43
地表水（亿立方米）	4.8	8.5	2.9	2.9	3.6	4.54	6
地下水（亿立方米）	20.1	19.6	18.2	17.5	16.6	18.4	18
再生水（亿立方米）	8.0	8.6	9.5	10.0	10.5	9.32	11
南水北调水（亿立方米）	3.5	0.8	7.6	8.4	8.8	5.82	8
全年用水总量（亿立方米）	36.4	37.5	38.2	38.8	39.5	38.08	43
农业用水（亿立方米）	9.1	8.2	6.5	6	5.1	6.98	5.1
工业用水（亿立方米）	5.1	5.1	3.9	3.8	3.5	4.28	3.4
生活用水（亿立方米）	16.2	17	17.5	17.8	18.3	17.38	18.7
生态环境用水（亿立方米）	5.9	7.2	10.4	11.1	12.6	9.44	14.1
污水管道长度（公里）	6363	6536	7157	7889	10207	7630.4	10511
污水厂（万立方米）	128745	136531	140413	148396	168799	144576.8	179267
雨水管（公里）	5038	5555	6139	7317	7925	6394.8	11557
污水处理率（百分比）	84.6	86.1	87.9	90	92.4	88.2	95
节水量（万立方米）	11322	12024	9878	12033	10262	11103.8	11299
节水措施（项）	207	127	137	134	133	147.6	140.02
污水处理能力（万立方米/日）	393	425	439.5	612	665.6	507.02	726

资料来源：《北京市统计年鉴》《北京"十三五"规划》。

5.1.2.2　大气预算

针对大气这个科目，北京市的空气污染物主要来源于交通工具排放的废气、用于冬季取暖的锅炉和餐饮行业的废气及油烟。北京市政府在治理大气污染方面预计投入 184.2 亿元。在"十二五"规划结束时，北京市空气治理已经取得了很大成效，二氧化硫（SO_2）、二氧化氮（NO_2）、可吸入颗粒物（PM 10）等主要污染物年均浓度平均下降 27.4%。但是雾霾状况仍然严峻，北京市政府在公众舆论压力下投入巨额资金，下决心治理空气污染，计划在此基础上继续加大机动车污染防治力度，淘汰老旧机动车，推广应用新能源汽车；实施清洁能源替代传统能源，让新能源普及到更多人的生活中去，把北京建设为"无煤化"的清洁城市；将北京市中心重污染的企业搬迁至远郊区并进行排污治理。预计到 2020年大气中细颗粒物年均浓度比 2015 年下降 30% 左右，降至 56 微克/立方米左右。

2018 年北京市加强大气治理，全面启动打赢蓝天保卫战三年行动计划，并且联合周边省市制定了第一个大气环保统一标准，从污染源头上改善大气质量。因此在数据预测模型的基础上，针对大气治理措施对预测数据进行了微调（见表 5-4），提升数据和环保政策的吻合度。

表 5-4 北京市大气情况环境预算

年份	可吸入颗粒物年日均值（毫克/立方米）	SO_2年日均值（毫克/立方米）	NO_2年日均值（毫克/立方米）	化学需氧量排放量（万吨）	SO_2排放量（万吨）	煤炭人均用量（千克）	电力人均用量（千瓦时）	天然气人均用量（立方米）
2013	0.108	0.027	0.056	17.8	8.7	147.7	750.6	57.1
2014	0.116	0.022	0.057	16.9	7.9	137.6	793.5	59.6
2015	0.102	0.014	0.05	16.2	7.1	126.3	808.7	63.7
2016	0.092	0.010	0.048	8.7	3.3	110.8	899.9	59.0

年份	可吸入颗粒物年日均值（毫克/立方米）	SO₂年日均值（毫克/立方米）	NO₂年日均值（毫克/立方米）	化学需氧量排放量（万吨）	SO₂排放量（万吨）	煤炭人均用量（千克）	电力人均用量（千瓦时）	天然气人均用量（立方米）
2017	0.084	0.008	0.046	8.2	2.0	83.3	1004	75.5
2019	0.104	0.02	0.0519	8.1	2.7	90.6	1058.6	66.5
2022	0.0883	0.0098	0.04	6.5	2.1	60.3	1408.9	78.1

资料来源：北京市统计局官网，笔者进行了加工整理。

5.1.2.3 绿地资源预算

北京市政府在生态保护方面预计投入 171.9 亿元。经过高效治理，北京全市林木绿化率、森林覆盖率 2015 年已经分别提高到 59%、41.6%，修复污染土壤 360 多万立方米。政府继续加大治理攻坚力度，加大对山区生态林的补偿力度，推进平原百万亩造林工程建设，支持林木养护等工程，绿化美化首都环境；提升城市景观水平，推行健康绿色通道、郊野公园和城市绿地建设。预计到 2020 年北京市森林覆盖率提高到 44%，生态保护红线区面积比例达到国家要求。

北京市从 2017 年开始划定生态保护红线，并随之开始建立一系列配套的规划制度，如生态保护红线管控制度、生态保护红线管理法规等，将极大提高北京市重要生态功能地区的生态保护水平，维护生态安全底线。因此在数据预测模型的基础上，针对生态绿化措施对预测数据进行了微调（见表 5-5），提升数据和环保政策的吻合度。

表 5-5　北京市绿化情况环境预算

年份	年末公园绿地面积（公顷）	人均公园绿地面积（平方米/人）	城市绿化覆盖率（%）	林木绿化率（%）	年末园林绿地面积（公顷）	森林面积（公顷）	森林覆盖率（%）	自然保护区面积（万公顷）
2013	22215	15.7	46.8	57.4	67048	716456.1	40.1	13.41
2014	28798	15.9	47.4	58.4	80223	734530.6	41	13.79
2015	29503	16	48.4	59	81305	744956.1	41.6	13.79
2016	30069	16.1	48.4	59.3	82113	756000.7	42.3	13.66
2017	31019	16.2	48.4	61.0	83501	767665.1	43	13.80
2019	30857	16.2	49.1	59.7	78838	774389.5	42.86	13.81
2022	32297	16.7	51.3	60.8	83246.5	809589.7	44	14.31

资料来源：北京市统计局官网，笔者进行了加工整理。

5.1.2.4　土地资源预算

北京市政府土壤质量监测网络对全市的土壤状况进行了调查研究，依据遭受污染的程度对全市的土壤进行了分类，分别为优先保护类、安全利用类和严格管控类。针对土壤的类别，有针对性地对全市的土地进行合理利用及土壤分类治理。严禁制药、化工等严重污染土壤的企业建设在居民区、学校等集中饮用水地区，引导工业企业迁离至工业园区；对重金属污染的土壤采用重金属固化技术进行修复。

北京市从 2017 年起牵头编制了《土壤污染防治目

标责任书》，将土壤保护的责任真正落实，并投资了超过5.7万亿元进行受损土壤的修复。此外还联合其他政府部门召开了土壤污染研讨，对北京市土壤状况调研工作进行动员部署。因此通过采用数据推算模型预测出土壤各指标的年度目标，并对预测数据进行了调整（见表5-6），保证数据的准确性。

表5-6 北京市土地资源环境预算

年份	耕地面积（公顷）	园地面积（公顷）	林地面积（公顷）	草地面积（公顷）	城镇村及工矿用地面积（公顷）	交通运输用地面积（公顷）	水域及水利设施用地面积（公顷）
2013	221157.28	135573.37	738036.45	85348.82	300847.83	46626.41	78739.52
2014	219948.76	135103.71	737542.89	85139.49	302939.17	47006.28	78378.65
2015	219326.49	134857.89	737078.88	85066.77	304393.05	47062.78	78304.28
2016	216345.43	133453.18	739705.54	84721.53	306615.41	47480.86	77968.73
2017	219806.48	134475.89	736382.59	84939.56	307012.46	47161.42	78179.63
2019	219759.05	134198.23	735918.58	84866.84	308466.34	47217.92	78105.26
2022	219867.19	133852.41	7343226.82	84606.61	313318.23	47448.28	77857.91

资料来源：北京市统计局官网，笔者进行了加工处理；北京市规划和国土资源管理委员会。

5.1.2.5 噪声预算

在区域噪声治理方面，北京市区域环境噪声、交通噪声分别稳定在55分贝、70分贝以下。北京市政府要继续通过在社区内禁用高音喇叭；对建筑工地安装隔离板、隔离墙；对一些水泵、柴油机、锅炉等产生噪声的设备，在其内部安装消声器等措施把北京市区域环境噪声、交通噪声维持在国家标准范围内（见表5-7）。

表5-7　北京市噪声情况环境预算

年份	区域环境噪声平均值（分贝）	道路交通干线噪声平均值（分贝）
2013	53.9	69.1
2014	53.6	69.1
2015	53.3	69.2
2016	54.3	69.3
2017	53.2	69.3
2019	53.7	69.2
2022	<55	<70

资料来源：北京市统计局官网，笔者进行了加工整理。

5.1.2.6　垃圾处置预算

在垃圾综合处理方面北京市政府投入22.6亿元。"十二五"期间通过技术创新改革垃圾处理设备，提高垃圾安全无害化处理效率，垃圾日处理能力达到2.4万吨。北京市继续深入贯彻循环经济理念，完善垃圾分类管理、完善垃圾处置责任制度等举措，预计到2020年生活垃圾无害化处理率达99.8%。

2018年北京市最大的垃圾焚烧发电项目一期于上半年竣工投产，能够保证北京市垃圾日处理量达到4000吨。此外，昌平区的建筑垃圾综合优化处置项目已经运行2个月了，能够将更多的建筑垃圾变废为宝，提升垃圾的无害化处理能力。因此在数据预测模型的基础上，针对垃圾清运处置措施对预测数据进行了微调（见表5-8），提升数据和环保政策的吻合度。

表 5-8 北京市垃圾处置情况环境预算

年份 项目	2013	2014	2015	2016	2017	2019	2022
污水管道长度（公里）	6363	6536	7157	7889	10207	8975	10511
污水处理能力（万立方米/日）	393	425	439.5	612	665.6	507.02	726
污水处理率（%）	84.6	86.1	87.9	90	92.4	88.2	95
再生水利用量（万立方米）	80108	86620	94826	100398	105085	93407.4	120000
清扫街道面积（万立方米/日）	14234	15104	15122	14678	14861	15338	16321
生活垃圾清运量（万吨）	671.7	733.8	790.3	872.6	924.8	1026.3	1315.2
生活垃圾无害化处理率（%）	99.3	99.6	99.8	99.8	99.9	93.1	99.8
餐余垃圾处理量（万吨）	20.0	24.3	27.3	28.2	23.0	29.6	32.9
危险废物处置量（吨）	68125.7	66071	73728	94076	103459	99835.6	11216.9

资料来源：北京市统计局官网，笔者进行了加工整理。

通过汇制以上各类科目指标环境预算表，各部门依照自己的职责能够采取各种有效措施对生态资源进行治理，确保完成各类指标的年度目标及中长期目标。在此基础上对每一类科目挑选比重大且有代表性，能够概括该类科目大体情况的重要指标汇制成北京市 2019 年生态预算总预算框架表，上报相关机构进行审批。

因为北京市政府尚未公布 2018 年的政府年鉴，各类资源 2018 年的官方统计数据仍缺失。在编制北京市生态预算草案时，选择距离现在最近的 2017 年作为草案编制过程中的参考年，因为 2017 年的北京市环境政策、环境背景与现在最趋近，数据最有参考性。

5.1.3　生态预算实施阶段

在生态预算实施阶段，需要先制定管理措施，设定措施的相关信息，如责任人、联系人，明确政府各部门的相关责任，设定各部门执行过程中的管理举措，制作指标档案以方便确定各部门的责任。

5.1.3.1　管理层职能的协调

生态预算实施过程中会出现各个部门任务重叠、职务冲突的状况，我们需要协调管理层职能，保证职能的最大发挥。当存在部门冲突的时候，生态预算小组中由人民代表大会讨论选举产生具有最高决定权的该位小组成员应当出面协调沟通。当问题难以调解时，该成员可以组织召开生态预算小组临时会议，通过开会商讨投票的方式解决问题，出席会议人数达到2/3会议有效。

此外，我们也可以通过北京市政府选择合适的人组成生态预算协调委员会。委员会将发挥中央机构的作用，负责监督整个生态预算执行过程。生态预算协调委员会由5~10名高级地方政府成员组成，人员组成遵循跨部门的方式，包括与自然、人力和财政资源管理有关的不同部门的代表等。

5.1.3.2　实施阶段进度管理

在执行过程中，我们需要进行生态预算阶段控制（见表5-9），检查执行过程是否与计划一致，生态资源是否用于该用的项目，执行进度是否存在偏差等。以年度控制为例，可以按月对一年的生态预算进行每月数据监测并分析，测量的数据与计划数据偏差较大时，生态预算小组开会讨论决定是否要调整下个月的措施活动，以确保完成年度目标。

表5-9　生态预算月度执行阶段控制

月份	相关活动	数据监测	纠正措施
1月			
2月			
3月			
4月			
5月			
6月			
7月			
8月			
9月			
10月			
11月			
12月			

5.1.3.3　水资源使用及治理

（1）大力新改扩建污水处理厂，推进污水管线建设。市环保局和市水务局要继续新改扩建污水处理厂或再生水厂，同时要加大污水收集管网的修建，保证产生的污水不外流，以免造成二次污染，要力争2019年底北京市实现污水处理设施全覆盖。对污水处理厂要进行实时监控，保障污水有效处理。此外，对郊区一些尚不完全具备污水处理条件的地区要进行污水分散处理，对房山、延庆等污泥较多的地区要完成污泥安全无害化处理，避免污染健康水源。

（2）控制初期雨水面源污染。市环保局和市城市管理委要做好北京市地面清洁，及时清运城市垃圾，防止雨水被垃圾污染并流入清洁的水源里。提高城市排水能力，防止暴雨造成城市水涝，污染水质。市水务局要因地制宜，采取适宜的方式如建造调蓄池、蓄滞洪区等推进城市雨水收集，控制初期雨水面源的污染。

（3）减少农业农村污染排放。市农业局要控制农业面源、水源污染，配合环保局、水务局工作。定期对农民进行农作物病虫害绿色防控培训，向农民宣传低毒、低残留的农药，严格监管农药中化学污染物的释放，防止农药污染河流水质，危害人类安全健康。

（4）严格工业废水达标管理。市环保局要依法严惩不符合排放标准的企业，保证全市所有需要进行污水排放的企业都建设符合标准的污水处理设施，或者将污水委托处理，严禁不达标的工业废水直接排放，对所有污染水质的生产项目暂停审批和核准。此外，对工业园区的污水处理设施要安装自动在线监控，实时监测污水处理，加大监控强度，加强执法力度。

（5）控制用水总量。要鼓励全市人民共同节约用水，合理高效地利用水资源，避免浪费。按照城市人口控制水资源的供给，避免盲目大规模地开发水资源，对全市水资源要合理调控。减少种植、养殖等耗水产业及耗水工业，严格控制生活、生产用水，保护水源，循环利用水资源。

污水处理率、节水量、用水总量指标如表 5-10、表 5-11 所示。

表 5-10 污水处理率、节水量指标档案

指标	污水处理率	节水量
测量单位	%	万立方米
参考年（2017 年）的数值	92.4	10262
年度目标	88.2	11103.8
中长期目标	>95	11299
预期趋势	上升	
目标制定的依据	北京市"十三五"规划	
数据来源	政府统计年鉴；北京市"十三五"规划方案	
数据联系人	×××	
指标负责人	×××	
措施主要执行部门	市水务局、市环保局	
达到目标需要的政策	政府引导方案；五年行动	
采取的措施	增建污水管线；建造调蓄池；推广使用低毒低残留农药；加强工业废水达标管理；控制用水总量	
参与者	市政府、企业、社会公民	

表 5-11 用水总量指标档案

指标	用水总量
测量单位	亿立方米
参考年（2017 年）的数值	39.5
年度目标	38.08

指标	用水总量
中长期目标	<43
预期趋势	下降
目标制定的依据	北京市"十三五"规划
数据来源	政府统计年鉴；北京市"十三五"规划方案
数据联系人	×××
指标负责人	×××
措施主要执行部门	市水务局、市城市管理委、市环保局
达到目标需要的政策	政府引导方案；五年行动
采取的措施	按照城市人口控制水资源的供给；减少种植、养殖等耗水产业及耗水工业
参与者	市政府、企业、社会公民

5.1.3.4 大气污染环境治理

（1）推进交通运输系统污染减排。市交通委要控制北京市机动车数量，强制要求一些排放量大的机动车退出市面，并限行、禁售高燃油的柴汽油车。改良汽车的发动机，在排气系统中添加净化装置，并鼓励新能源汽车的研发推广，减少汽车对空气质量的污染。此外，可以完善城市公共交通的建设，鼓励市民绿色出行，减少开车和乘坐出租车的次数，提高公共交通的运输能力和使用效率。

（2）基本完成燃煤设施清洁能源改造。抓好燃煤污染处理，逐步拆除北京市燃煤锅炉，优化燃气电厂运行，提高燃煤设备脱硫技术。推进平房居民煤改清洁能源，因地制宜应用"煤改气""煤改电"等多种改造方式，替代城乡接合部和农村地区居民生活散煤使用。可以通过财政补贴的方式补贴燃气、供电设施的建设，降低市民"煤改气""煤改电"的成本，推动城市设施向清洁能源转化。

（3）削减工业污染排放总量。加大淘汰落后产能力度，淘汰或者改造化工、印刷、建材等一些高污染高排放的企业，要求企业重视污染排放工程，强制企业实施排污规范，坚持谁污染谁治理的原则，要求在追逐经济效益的同时履行企业的社会责任。完成城市"散、乱、污"企业的整治，推动整个行业的环保技术升级，建设清洁循环的产业发展体系。定期对石化行业进行泄漏检测和维修工作，每个密封点的泄漏率控制在1%以下，严格打击随意排放的行为。

（4）全面防治扬尘污染。减少城市道路扬尘，做好城市道路的保洁工作，设置科学的道路保洁标准，定期公布道路清洁"红黑榜"，惩罚与奖励两种方式结合，激励道路清洁人员的工作动力。配备洒水车、喷淋系统等各类有效控制道路扬尘的设备。成立道路扬尘督查小组，昼巡为主、夜查为辅，设立不间断、无缝隙、全覆盖的扬尘监控系统。

严格控制施工扬尘，鼓励施工企业使用预拌混凝土，要求工地所有走人、走车的道路硬化，建立封闭的垃圾站，轨道交通密闭作业，严格执行《绿色施工管理规程》。将没有达到扬尘控制要求的企业纳入政府"黑名单"，禁止参加政府投资项目的投标活动。

　　(5) 开展生活和服务业污染防治。强化市民在生活中防范大气污染、治理大气污染的意识,将其落实到平常的生活实践中。对餐饮等服务行业的大气污染物排放设定标准,对饮食行业的经营场所安装油烟净化设备,鼓励餐饮服务单位使用天然气、电能等清洁能源,从源头上控制空气污染。明确禁止在一些禁设区域内露天烧烤,严肃查处超标排放油烟,将油烟直接排入下水道等行为。

　　可吸入颗粒物、二氧化硫、二氧化氮指标如表5-12 所示。

表5-12　可吸入颗粒物、二氧化硫、二氧化氮指标档案

指标	可吸入颗粒物年日均值	二氧化硫日均值	二氧化氮日均值
参考年 (2017 年) 的数值	0.084	0.008	0.0460
年度目标	0.1040	0.0200	0.0519
中长期目标	0.0883	0.0098	0.0400
测量单位	毫克/立方米		
预期趋势	下降		
目标制定的依据	北京市"十三五"规划		
数据来源	政府统计年鉴;城市规划方案		
数据联系人	×××、×××、×××		
指标负责人	×××、×××、×××		
措施执行部门	市气象局、市环保局、市交通委		
达到目标需要的政策	政府引导方案;五年行动		
采取的措施	控制机动车总量;燃煤设施清洁能源改造;防治道路扬尘污染;对餐饮等行业设定污染排放标准		
参与者	市政府、企业、社会公民		

5.1.3.5 拓展绿色发展空间

（1）扩大绿色休闲空间，推动城区多元增绿。加大道路绿地景观建设，在道路两旁种植一些果树、花卉，如油松、海棠、国槐、银杏等，既有观赏性、能提升市容，又降低环境污染与破坏。同时加大对公园建设的投入力度，为市民提供怡情怡性的绿色休闲空间，发挥林地绿地在休闲、疗养等方面的独特作用和优势。根据北京市发展规划，要重点加强城市西部郊区绿化建设，通过植树、平原造林等实现村庄周围园林化、村内道路林荫化。

（2）扩大森林绿地面积，提升生态价值。加强北京西北部生态涵养区的环保建设，通过封山育林、抚育幼苗等方式提升全市荒山绿化规模，形成坚固的首都绿色保护屏障。同时对自然保护区、湿地等生态功能区开展针对性保护，发挥其蓄洪防旱、净化水质、调节气候等多重生态服务价值。

（3）划定生态保护红线。将自然保护区、风景名胜区、洪水调蓄区等重点生态保护空间纳入生态保护红线，促进重点地区的生态安全保护。对生态保护红线区进行分级管理，一级保护区严禁一切形式的开发建设活动；二级保护区严禁开设与自然保护区保护方向不一致的项目。

公园绿地面积、自然保护区面积指标如表5-13所示，森林覆盖率、城市绿化覆盖率指标如表5-14所示。

表 5-13 公园绿地面积、自然保护区面积指标档案

指标	年末公园绿地面积	自然保护区面积
测量单位	公顷	万公顷
参考年（2017年）的数值	83501	13.8
年度目标	78838	13.81
中长期目标	83246.5	14.31
预期趋势	上升	
目标制定的依据	北京市"十三五"规划	
数据来源	政府统计年鉴；北京市"十三五"规划方案	
数据联系人	×××	
指标负责人	×××	
措施主要执行部门	市园林绿化局、市城市管理委、市环保局	
达到目标需要的政策	政府引导方案；五年行动	
采取的措施	种植果树、花卉，加大道路公园绿地景观建设	
参与者	市政府、社会公民	

表 5-14 森林覆盖率、城市绿化覆盖率指标档案

指标	森林覆盖率	城市绿化覆盖率
参考年（2017年）的数值	43	48.4
年度目标	42.86	49.1
中长期目标	>44	51.3
测量单位	%	
预期趋势	上升	
目标制定的依据	北京市"十三五"规划	
数据来源	政府统计年鉴；北京市"十三五"规划方案	
数据联系人	×××	
指标负责人	×××	
措施主要执行部门	市园林绿化局、市环保局	

指标	森林覆盖率	城市绿化覆盖率
达到目标需要的政策	政府引导方案；五年行动	
采取的措施	封山育林，加强西北部生态涵养区建设； 划定生态保护红线	
参与者	市政府	

5.1.3.6 土壤污染治理

（1）控制建设规模。要利用土壤质量监测网络对全市土壤状况进行调查研究，全面掌握北京市土壤质量及变化趋势，对土壤用地分类管理。将没有遭受污染的土地划分为优先保护类，对这类土壤进行农作物耕种，严格监管，保证农田土壤质量不下降；将中度污染的土地纳入安全利用类，对这类土地需要制订安全使用方案，可种植花卉这些观赏性植物，降低其对人类安全和健康带来的风险；遭受严重污染的确定为严格管控类土地，针对这些土地要制定环境风险管控方案，防止其污染饮用水，威胁市民健康。同时要合理规划土地使用，严禁制药、化工等严重污染土壤的企业建设在居民区、学校等集中饮用水地区，引导工业企业迁移至工业园区。

（2）加强土壤污染预防。要严格监测土壤质量状况，预防有机污染物或重金属污染物破坏新的土壤。对已经遭受破坏的土壤进行合理修复，可将污染地块的污染程度进行分级，因地制宜采取修复方案，抓好重大项目地块污染治理。对生活垃圾进行无害化处理，严格监察并处置非正规填埋垃圾的行为。对含有重金属的废电池、废手机进行回收，禁止随意丢弃，加强技术研究，对重金属污染的土壤采用重金属固化技术进行修复。对土壤质量状况进行定期公布，拓宽公众参与渠道，充分调动社会各界参与土壤保护及污染治理的积极性。

耕地、草地、工矿用地、水域用地面积指标如表5-15所示。

表5-15　耕地、草地、工矿用地、水域用地面积指标档案

指标	耕地面积	草地面积	工矿用地	水域用地面积
参考年（2017年）的数值	219806.48	8493956	307012.46	78179.63
年度目标	219759.05	84866.84	308466.34	78105.26
中长期目标	219867.19	84606.61	313318.23	77857.91
测量单位	公顷			
预期趋势	上升			
目标制定的依据	北京市"十三五"规划			
数据来源	政府统计年鉴；北京市"十三五"规划方案			
数据联系人	×××			
指标负责人	×××			
措施主要执行部门	市规划国土委、市环保局			
达到目标需要的政策	政府引导方案；五年行动			
采取的措施	对土壤用地分类管理；引导工业企业迁离至工业园区；采用重金属固化技术修复受损土壤			
参与者	市政府、企业、社会公民			

5.1.3.7　防治噪声污染

分类防治噪声污染。合理控制全市的噪声污染，采用自动采样的环境噪声监测仪器对功能区的噪声实时进

行监测。对于铁路、机场这些易产生噪声的交通场所，采用先进的隔音板、绿化隔声带等阻止、吸收声能，并且在机场跑道 5 公里范围内避免建造学校、居民区、医院。对于施工单位造成的工业噪声，政府要限制其作业时间以防影响居民正常休息。对于歌舞厅、超市等娱乐场所，要制定噪声标准，禁止使用高音喇叭，对不遵守制度的单位进行罚款惩罚，严格查处扰民行为。有一些设备比如水泵、柴油机、锅炉等也会产生噪声，针对这些设备可以在其内部安装消声器，在传播过程中减噪降噪。

区域环境噪声、道路交通干线噪声指标如表 5-16 所示。

表 5-16　区域环境噪声、道路交通干线噪声指标档案

指标	区域环境噪声平均值	道路交通干线噪声平均值
参考年（2017 年）的数值	54.3	69.3
年度目标	53.7	69.2
中长期目标	<55	<70
测量单位	分贝	
预期趋势	下降	
目标制定的依据	北京市"十三五"规划	
数据来源	政府统计年鉴；北京市"十三五"规划方案	
数据联系人	×××、×××	
指标负责人	×××、×××	
措施主要执行部门	市城市管理委、市环保局、市交通委	
达到目标需要的政策	政府引导方案；五年行动	

指标	区域环境噪声平均值	道路交通干线噪声平均值
采取的措施	采用先进的隔音板、绿化隔声带等吸收声能；限制产生工业噪声的施工单位作业时间；对柴油机、锅炉等设备安装消声器	
参与者	市政府、社会公民	

5.1.3.8　防治垃圾污染

提升生活垃圾和一般工业固废处理处置能力。针对城市生活垃圾，可以从源头上减少生活垃圾的产生，对一些农产品进行初步清洗后再运输到城区销售，倡导商家简化商品包装，避免产生更多的生活垃圾。加快建设垃圾卫生填埋场全密闭改造工程，在垃圾处理设备上安装渗滤液处理系统，安全清洁地处理生活垃圾。对于废旧电池、废手机等含有重金属的设备要进行回收处理，避免直接丢弃造成二次污染。建设一套高效的垃圾回收一体化处理系统，从前段的垃圾收集到末端的垃圾处理，确保各个环节能有序开展工作。

生活垃圾处理率、餐余垃圾处理量指标如表 5-17 所示。

表 5-17　生活垃圾处理率、餐余垃圾处理量指标档案

指标	生活垃圾处理率	餐余垃圾处理量
测量单位	%	亿立方米
参考年（2016 年）的数值	99.9	23
年度目标	93.1	29.6

续表

指标	生活垃圾处理率	餐余垃圾处理量
中长期目标	>99.8	32.9
预期趋势	上升	
目标制定的依据	北京市"十三五"规划	
数据来源	政府统计年鉴；北京市"十三五"规划方案	
数据联系人	×××	
指标负责人	×××	
措施主要执行部门	市城市管理委、市环保局	
达到目标需要的政策	政府引导方案；五年行动	
采取的措施	建设垃圾卫生填埋场全密闭改造工程	
参与者	市政府、居民	

5.1.4 生态预算评估阶段

预算年度结束后，进入评估阶段。这个评价阶段主要有两个目的：①它以预算平衡的方式完成生态预算周期，并报告完成的预算年度的成果。②通过审计对技术成果和过程组织进行评价，为管理层决策提供基础，依据本期环境预算平衡的数据和经验建立下一年度的预算编制。这一阶段需要制作年度预算平衡表，年度预算平衡表是在一个预算年度后检验当年的生态收入能否提供当年生态支出，与总预算表相比主要增加了实际值和年度目标的完成程度（见表5-18）。

表 5-18　北京市生态预算平衡

指标	单位	参考年（2017 年）值	年度目标（2019 年）	实际值	中长期目标（2022 年）	完成程度
水资源						
污水处理率	%	92.4	88.2		>95%	
全年用水量	亿立方米	39.5	38.08		<43	
节水量	万立方米	10262	11103.8		11299	
与长期目标的差距：						
大气						
可吸入颗粒物年日均值	毫克/立方米	0.092	0.104		0.0883	
二氧化硫年日均值		0.1	0.02		0.0098	
二氧化氮年日均值		0.048	0.0519		0.04	
与长期目标的差距：						
绿地						
年末公园绿地面积	公顷	83501	78838		83246.5	
森林覆盖率	%	43	42.86		>44	
城市绿化覆盖率	%	48.4	49.1		51.3	
自然保护区面积	万公顷	13.8	13.81		14.31	
与长期目标的差距：						
土壤						
耕地面积	公顷	219806.48	219759.05		219867.19	
草地面积		84939.56.71	84866.84		84606.61	
城镇村及工矿用地		307012.46	308466.34		313318.23	
水域及水利设施用地		78179.63	78105.26		77857.91	
与长期目标的差距：						

指标	单位	参考年（2017年）值	年度目标（2019年）	实际值	中长期目标（2022年）	完成程度
噪声						
区域环境噪声平均值	分贝	54.3	53.7		<55	
道路交通干线噪声平均值		69.3	69.2		<70	
与长期目标的差距：						
垃圾处置						
生活垃圾处理率	%	99.9	93.1		>99.8	
餐余垃圾处理量	亿立方米	23	29.6		32.9	
与长期目标的差距：						

年度目标的完成程度是分析实际值相对于年度目标的完成程度，计算公式为：

年度目标的完成程度=实际值/年度目标×100%

长期目标的完成程度表示实际值与长期目标的差距，计算公式为：

长期目标的完成程度=（参考值−实际值）/（参考值−长期目标）×100%

在实际操作过程中，将每个年度的实际发生值和根据实际值计算的完成程度填入相应表格。

5.2 方案二：北京生态涵养区生态预算方案设计

在前面已有北京市生态预算方案的基础上，以北京市五大生态涵养区为例进行方案设计，相类似之处，如准备阶段的生态预算团队等问题，只是级别不同，在区级相同的职能机构选拔人员建立团队即可，其他基本相同，在此不再赘述。以五大生态涵养区为例，重点介绍生态预算过程中的不同方法或特色之处，供生态预算的推展参考。因此下面从确定生态预算科目开始分析。

确定生态预算科目。根据生态涵养区的自然资源状况和环境状况，各区的生态预算科目可根据实际进行主科目和明细科目的调整，可以有所不同。表5-19~表5-24分别是北京市及其五个大生态涵养区——门头沟区、平谷区、怀柔区、密云区、延庆区的生态预算科目。

根据北京生态涵养发展区的功能定位、相关环境政策与前述各区的生态环境和自然资源的初步分析，并结合各区具体情况，可以看出北京生态涵养发展区主要的环境问题集中于水源保护和空气质量，模拟塔比拉兰和贡土尔的做法可以初步选取北京生态涵养发展区的资源，如表5-19所示。

表5-19　北京生态涵养发展区环境问题选取的相关资源

环境问题	相关资源
水资源与水环境	水源数量
	水源质量
污水处理	生活用水

续表

环境问题	相关资源
土壤侵蚀	水土流失治理面积
风沙源治理	林地面积
空气污染	空气质量

表5-19展示了北京生态涵养区的实际环境问题及稀缺的自然资源，通过生态预算来管理，使资源的利用可以保持在设定的范围。构成环境总预算框架的一系列资源一旦确定，生态预算小组即可开始指标筛选和预算的过程。

表5-20 门头沟区生态环境和自然资源的初步分析

	具体项目	计量单位	2015年	2016年	2017年
水资源	用水总量	万立方米	6749	4894	5009.2
	污水处理量	万吨	692.1	757.3	729.1
	污水处理厂	座	8	8	8
能源消费	消费总量	吨标准煤	662691	655204	617856
	万元GDP能耗	吨标准煤	0.4599	0.4151	0.3541
空气质量	PM2.5年均浓度下降百分比	%	——	7.7	6
园林绿化	林木绿化率	%	64.27	65	69.2
	城市绿化覆盖率	%	42.4	43	44.8
	人均公共绿地面积	平方米	33	32	29.99

表 5-21　平谷区生态环境和自然资源的初步分析

	具体项目	计量单位	2015 年	2016 年	2017 年
水资源	总用水量	万立方米	9604.2	9424.0	9459.2
	全区污水处理率	%	70.4	74	83
	污水处理厂数	座	7	8	8
能源消费	消费总量	吨标准煤	1090800	1103800	1134400
	万元 GDP 能耗	吨标准煤	0.6464	0.6018	0.5712
空气质量	二氧化硫排放量	吨	2697	2554	2423
	氮氧化物排放量	吨	4240	3880	3410
	降尘量	吨/平方千米	3.4	3.3	3.2
	二氧化硫平均浓度	微克/立方米	20.6	20.1	13.3
	二氧化氮平均浓度	微克/立方米	30.5	38.3	33.2
	可吸入颗粒物（PM10）平均浓度	微克/立方米	98.7	102.6	100.3
	细颗粒物（PM2.5）平均浓度	微克/立方米	85	83.2	78.8
园林绿化	林木绿化率	%	—	68.1	71.3
	绿化覆盖率	%	49.16	50.87	50.92

表 5-22　怀柔区生态环境和自然资源的初步分析

	具体项目	计量单位	2015 年	2016 年	2017 年
水资源	水资源总量	万立方米	35600	35600	—
	总用水量	万立方米	8029	8003	8021
	污水处理率	%	69.1	74	83
	污水处理能力	万立方米/日	8.07	8.03	14.18
	污水处理厂数	座	10	9	9
	污水再生利用率	%	91	94	94

续表

	具体项目	计量单位	2015 年	2016 年	2017 年
水土流失	治理面积	公顷	—	4700	59200
能源消费	消费总量	万吨标准煤	112.31	114.90	110.56
	万元 GDP 能耗	吨标准煤	0.5521	0.5239	0.4722
空气质量	二氧化硫平均浓度	微克/立方米	22.3	17.9	9.2
	二氧化氮平均浓度	微克/立方米	37.9	37.5	29.1
	可吸入颗粒物（PM10）平均浓度	微克/立方米	95.3	96.7	84.6
	细颗粒物（PM2.5）平均浓度	微克/立方米	—	76.0	70.1
园林绿化	绿化覆盖面积	公顷	1857.8	2192.8	2206.7
	绿化覆盖率	%	47.48	55.45	55.61
	人均绿地面积	平方米/人	65.34	55.58	55.50

表 5-23 密云区生态环境和自然资源的初步分析

	具体项目	计量单位	2015 年	2016 年	2017 年
水资源	水资源总量	万立方米	38600	27000	32000
	总用水量	万立方米	8430.84	8379.5	8183.2
	污水处理厂	座	7	10	12
	中心城区生活污水集中处理率	%	98.1	98.12	98.15
水土流失	治理面积	千公顷	—	8.5	10.8
能源消费	消费总量	万吨标准煤	109.6	113.39	116.2
	万元 GDP 能耗	吨标准煤	0.5616	0.5352	0.5127

续表

	具体项目	计量单位	2015 年	2016 年	2017 年
空气质量	细颗粒物（PM2.5）年均浓度	微克/立方米	71.6	73	67.8
	可吸入颗粒物（PM10）年均浓度	微克/立方米	85.9	93.6	87.6
	降尘量月均值	吨/平方千米·月	3.5	3	2.71
	二氧化氮年均浓度值	微克/立方米	43.5	40.2	34.3
	二氧化硫年均浓度值	微克/立方米	21.3	18.3	11.9
生活垃圾	无害化处理率	%	98	100	100
园林绿化	林木绿化率	%	69.31	72.17	72.5
	森林覆盖率	%	61.01	63.67	63.91

表 5-24　延庆区生态环境和自然资源的初步分析

	具体项目	计量单位	2015 年	2016 年	2017 年
水资源	总用水量	万立方米	6498	6349	6185
	污水处理率	%	72	76	78
能源消费	能源消费总量	万吨标准煤	60.39	63.10	66.18
	万元 GDP 能耗	吨标准煤	0.655	0.632	0.616
空气质量	二氧化硫平均浓度	微克/立方米	20.2	18.1	14.7
	二氧化氮平均浓度	微克/立方米	36.2	35.8	30.6

	具体项目	计量单位	2015 年	2016 年	2017 年
空气质量	可吸入颗粒物（PM10）平均浓度	微克/立方米	86.9	87.1	79.3
	细颗粒物（PM2.5）平均浓度	微克/立方米	76.8	75	71.3
园林绿化	林木绿化率	%	74	74.5	—
	绿化覆盖率	%	64.49	64.17	64.39
	森林覆盖率	%	56.53	57.03	57.46

　　表 5-20～表 5-24 展示了各个生态涵养区的部分环境资源，可以发现北京生态涵养区的资源和环境主要集中于水资源和水环境、能源消费量、空气质量、园林绿化等方面。国家和北京市政府的重视和政策的倾斜，生态涵养区的划分和功能定位，社会公众的持续关注和努力，使得北京市区和每个生态涵养区的自然资源利用率不断提高，污水处理能力不断增强，环境质量特别是空气质量也在逐渐变好。尽管如此，因为北京的特殊区位，以及生态涵养区担负着北京生态保护的重要功能，北京及各区都有改进的空间，特别是水资源和能源消耗方面，资源利用和环境治理还需进一步努力，真正成为北京市的水源保障地和生态屏障。

　　第一个循环周期后，预算前的评估这一阶段的工作就变得简单，因为大部分工作不需要在接下来的循环周期中进行，如建立生态预算团队等。但是预算前的评估在每个周期的起初都需要进行，特别是环境资源的初步

分析，要在每个周期开始时根据上年的生态环境与自然
资源的消耗情况进行分析。

🌿 5.3 预算准备：编制总预算

该阶段是生态预算的核心，整个过程可以用"问题—
资源—指标—目标"的思路来概括，主要制定的文件是总
预算表，它是生态预算至关重要的整体规划和指导文件，
正如财务预算也必须由市人大或区人大批准，是生态预算
准备阶段的最后一步，包括 5~15 个指标来描述几种自然
资源的消耗和利用，每个指标展示基准年、前一年，（年
度）短期目标和长期目标（5~10 年）。建立第一年的总
预算包括 5 个方面：环境问题、自然资源、指标、长期
目标和短期目标。从第二个周期开始，只有短期目标需
要重新设置，其余方面可以沿用上一年的或滚动运行。

生态预算是一个基于指标的系统，选择适当的指标
来管理自然资源。图 5-2 是总预算从环境问题到目标的
过程（以空气质量为例）。环境目标设定的逻辑路径是：
环境问题—自然资源—指标—环境目标。

建立生态预算不仅要创建生态预算团队，特别是实
施过程中的参与者，而且要制定第一个生态预算周期的
内容。在实践中，地方政府在建立环境预算的过程中要
决定外部利益相关者的参与度，经验表明，建立过程透
明度越高，效果也就越好，公众论坛成员和专家等的参

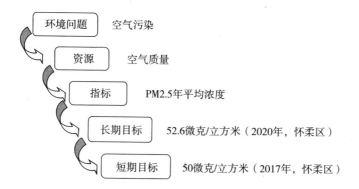

图 5-2　从环境问题到目标的过程（以空气质量为例）

与都会对确定当地需要纳入预算的资源提供帮助。

5.3.1　从环境问题到列入预算的资源

生态预算的概念界定了自然资源是人类可直接使用但不可再生的实体资源，可以包括某种原材料的供应（如木材等原材料的沉积），也可以是一个系统的状态，如地球大气层的组成。一般来说，最广泛的意义上，生态预算的环境资源是（全球）生态系统支持人类生活的组成部分，包括原材料、气候稳定性、空气、水、土壤/土地等。一个地区包含的自然资源种类繁多，从直接影响公众日常生活的空气、饮用水、地表植被到一些地区特有的矿产资源、金属资源，需要从如此多的资源中选出应该优先解决的稀缺资源，从当地存在的环境问题出发，会是一个准确而高效的方法。

不同地方可能或多或少有类似的问题，通过资源来定义它们的方式或多或少是相似的。表 5-25 展示了塔比拉兰和贡土尔选取的资源，说明了其环境管理中需要优先解决的问题。

表 5-25　塔比拉兰和贡土尔选取的说明环境问题的资源

环境问题	塔比拉兰市对应的资源	贡土尔市对应的资源
水质差	饮用水	水源质量
		水源数量
森林覆盖率降低（海岸地带）	红树林	—
森林覆盖率降低（山区）	木材和果树	—
建筑用地面积增加	良好的建筑环境	绿色城市
固体废弃物处理	良好的建筑环境	健康
海洋栖息地退化	珊瑚礁和海草床	—
快速淤积	开采原料	—
交通	—	空气质量

　　根据北京生态涵养发展区的功能定位、相关的环境政策与前述对各区的生态环境和自然资源的初步分析，并结合各区具体情况，可以看出北京生态涵养发展区的环境问题集中于水源保护和空气质量，模拟塔比拉兰和贡土尔的做法可以初步选取北京生态涵养发展区的资源，如表 5-26 所示。

表 5-26　北京生态涵养发展区环境问题选取的相关资源

环境问题	相关资源
水资源与水环境	水源数量
	水源质量
污水处理	生活用水

续表

环境问题	相关资源
土壤侵蚀	水土流失治理面积
风沙源治理	林地面积
空气污染	空气质量

表 5-26 展示了北京生态涵养发展区从实际的环境问题到稀缺的自然资源，通过生态预算来管理它们，使资源的利用可以保持在设定的范围内。构成环境总预算框架的一系列资源一旦确定，生态预算小组便开始进入指标筛选的过程。

5.3.2 从环境资源到相关指标

一旦地方当局决定优先考虑哪些自然资源，需要通过实物计量的指标来衡量自然资源的存量和消耗量，因此，计量单位是指标的组成部分，并始终用它来说明。每一种自然资源都应该有相应的指标，制定 5~15 个指标（最多不超过 20 个），指标的制定应该考虑请各相关部门和专家参与，指标越合理，实行越高效，良好的生态预算指标应具备以下特征：无歧义性、实用性、可预测性、可理解性、有代表性和准确性。北京生态涵养发展区的相关指标详见各区的总预算表 5-27~表 5-31 的"指标"一栏。

5.3.3 从指标到长期目标

生态预算的长期目标为地方政府制定资源消耗限额

框架，决定了5~10年生态环境与自然资源要达到的目标，并防止地方政府忽视城市可持续发展。在长期目标制定过程中不可避免地要面对一个问题（通常是专家和政治家或政治家和利益相关者之间的冲突）：目标必须有多宏伟？是应该选择一个"舒适"易达成的目标，还是设置更雄心勃勃的目标，增加社会可持续发展的动力？该问题没有标准的答案，由于生态预算是地方环境管理的政治框架体系，决策者必须确定本区域的预算标准，生态预算团队（和区人大）的责任是在提出的目标和宏伟愿景之间找到平衡。建立一个长期目标不局限于单一的方法，可以是以下几个方法的组合：遵守国家法律；国际协议；城市参与的项目或倡议；科学或政治建议。

因为是第一次在北京生态涵养区实行生态预算方案，可以先试行一个3年的项目，而且，编制的是2019年的生态预算计划方案，可以根据北京市国民经济与社会发展的第十三个五年规划及各区的"十三五"规划纲要，包括环境保护和生态建设规划、生态文明建设规划。所以，长期目标可以依据规划中制定的目标，以2020年作为截止年份。具体的目标设定详见总预算表5-27~表5-31的"长期目标"一栏。

5.3.4 从长期目标到短期目标

选择短期目标是总预算草案的最后一步，是规划阶段的关键。每年每个指标都要制定短期目标，并统计上年的数值作为参考数值来确定。由于整个循环周期有重复部分，通常选取前一年的数值，例如，如果在2018年第四季度准备2019年的总预算，最近的参考年份应该是2017年。一般来说，在长期目标的基础上建立短期目标有两种方式：第一种方式是偏分析型，计算和估计每一项措施可能带来的影响和外部趋势，这种方式相当复杂，有时还要深入分析。第二种方式是偏算术型，以长期目标为基础，每年都向其靠近一些。通常根据信息和专业知识将两种方式结合更简便和科学。

北京生态涵养区生态预算的短期目标可以根据现有的政策文件与相关规划来确定：根据《北京市2018~2022年清洁空气行动计划》，各区制定了2018~2022年清洁空气行动计划及每年的清洁空气行动目标，空气质量的短期目标可以参考其中的空气质量目标；水资源和其他资源的短期目标可参照各区的《水污染防治工作方案》《污水处理与再生水利用三年行动计划》《2018年政府工作报告》《国家生态文明建设示范区行动计划》中关于生态文明建设的规划来制定，以上目标根据已有的措施，使用分析与算术型相结合的方式进行推算和修正，表中数据仅供参考，在具体实施过程中还需要组织专家和生态预算团队根据相关规划文件和具体环境保护措施讨论研究年度目标和长期目标。

表5-27~表5-31分别是根据各区的相关规划文件和前述的环境资源初步分析制定的各区的生态预算总预算。

表 5-27　门头沟区 2019 年生态预算总预算

资源	指标	计量单位	基准值 （2017 年）	短期目标 （2019 年）	长期目标 （2022 年）
生活用水	生活污水集中处理率	%	77	83	95
水源数量	用水总量	万立方米	6749	6600	6500
	生态清洁小流域	条	40	20	25
水源质量	中小河道治理	公里	40	69.45	60
	重要水功能区水质达标率	%	90	95	100
土壤质量	水土流失治理面积	平方公里	62	71.34	75
林地	风沙源治理面积	万亩	28.35	30	38
	森林覆盖率	%	41.18	42	44
	林木绿化率	%	64.27	68	72
空气质量	PM2.5 年均浓度	微克/ 立方米	77	65	54

表 5-28　平谷区 2017 年生态预算总预算

资源	指标	计量单位	基准值 （2015 年）	短期目标 （2017 年）	长期目标 （2020 年）
生活用水	生活污水集中处理率	%	83	90	95
水源数量	用水总量	万立方米	9459.2	9435	9290
	生态清洁小流域（合计）	平方公里	256.6	348	450
水源质量	中小河道治理	公里	53.6	55	60
	重要水功能区水质达标率	%	58	65	75
土壤质量	完成土壤污染综合治理试点	个	0	0	1
林地	森林覆盖率	%	66.3	66.5	67
	林木绿化率	%	71.3	71.5	72
	城市绿化覆盖率	%	50.9	51	51.2

续表

资源	指标	计量单位	基准值 （2015 年）	短期目标 （2017 年）	长期目标 （2020 年）
空气质量	PM2.5 年均浓度	微克/ 立方米	78.8	75	68

表 5-29 怀柔区 2019 年生态预算总预算

资源	指标	计量单位	基准值 （2017 年）	短期目标 （2019 年）	长期目标 （2022 年）
生活用水	生活污水集中处理率	%	70	80	95
水源数量	用水总量	万立方米	8021	8325	8700
	生态清洁小流域	条	10	15	20
水源质量	重要水功能区水质达标率	%	67	76	89
	污水处理率	%	75	80	85
土壤质量	水土流失治理面积	平方公里	50	150	203
林地	森林覆盖率	%	56.3	56.9	58
	人均公共绿地面积	平方米	26.22	26.55	27
空气质量	PM2.5 年均浓度	微克/ 立方米	70.1	64.8	52.6

表 5-30 密云区 2019 年生态预算总预算

资源	指标	计量单位	基准值 （2017 年）	短期目标 （2019 年）	长期目标 （2022 年）
生活用水	生活污水集中处理率（城区）	%	92	93	95
	生活污水集中处理率（农村）	%	75	77	80
水源数量	用水总量	万立方米	8183.2	8300	11700
	生态清洁小流域	条	12	19	30

续表

资源	指标	计量单位	基准值（2017 年）	短期目标（2019 年）	长期目标（2022 年）
水源质量	重要水功能区水质达标率	%	92	95	100
	流域治理面积（合计）	平方公里	261	356	573
土壤质量	水土流失治理面积	平方公里	50	50	55
林地	森林覆盖率	%	63.91	65.89	65
	林木绿化率	%	72.5	73.2	75
空气质量	PM2.5 年均浓度	微克/立方米	67.8	64	57

表 5-31　延庆区 2019 年生态预算总预算

资源	指标	计量单位	基准值（2017 年）	短期目标（2019 年）	长期目标（2022 年）
生活用水	生活污水集中处理率	%	78	85	95
水源数量	用水总量	万平方米	6185	6300	9700
	生态清洁小流域	条	16	20	28
水源质量	重要水功能区水质达标率	%	65	72	85
	生态小流域治理（合计）	平方公里	235	246	258
土壤质量	水土流失治理面积（合计）	平方公里	174	275	410
林地	森林覆盖率	%	57.46	57.6	58.03
	人均公共绿地面积	平方米	41.88	45	50
空气质量	PM2.5 年均浓度	微克/立方米	71.3	65	56

🍃 5.4　预算批准

　　总预算出来后，需要将这份草案发给每一个相关部门或个人，让参与者提出修改意见，而所有的反馈意见都需要由预算执行小组进行评估，经过讨论决定进行部分修改，将修改后的最终总预算提交各区人大审核。生态预算是否成功执行在很大程度上取决于它作为一项环境管理工具的接受度，所以提交区人大审核非常重要。

　　北京生态涵养发展区实行生态预算的一个基础是必须让生态预算通过各区人大的审核，这样预算执行起来才有法律基础，才可能得到高效的执行。在提交审核之前，各区应该对外公告并且广泛收集意见，这样一来，生态预算相关政策执行起来有一定的群众基础，执行的阻力将会小很多。

🍃 5.5　预算执行

　　一旦生态预算总预算通过人大的审核，紧接着就是采取措施来实现目标，监测和解释它们的影响并及时纠偏。这一步通常持续整个预算年度。

5.5.1　制定措施和分配职责

　　生态预算总预算得到批准，确定了一致的目标后，有必要为每个指标建立一系列措施以实现目标。这里最关键的在于明确责任部门，避免部门间责任不明，互相推诿，降低实施效率。北京生态涵养发展区生态预算相关的部门主要有规划分局、国土资源局、水务局、园林绿化局、环境保护局、市政市容委等。同一个措施可能由两个或以上部门负责执行，这就要求部门之间有良好的沟通，同时至少应该以其中一个为主要负责部门，避免互相推脱责任的情况发生，这时协调小组将从中发挥作用，协调部门间的矛盾。另外，市级的协调小组要发挥统筹各区的生态预算执行和相互交流的作用。具体而言，应该由环境保护局协同各部门制定执行计划，并定期汇总各部门的监控数据，及时调整相应计划。在执行过程中，应协调各部门之间的关系，确保计划顺利实行。在水资源方面，水务局应负责与水资源相关的计划，包括地表水、生活用水和相关水利设施。园林绿化局负责与林木资源有关的计划，例如林区生态管理等。国土资源局应负责土地资源和矿产资源的相关统计和监测，土地质量的保护工作等。

这些活动最好由各部门负责人贯彻实施，相关活动由生态预算小组批准，并发布即将到来的环境预算年度实施的计划措施的公告，对自我设置的目标给出具体的措施。公布的措施不一定要按时间顺序完成，应制定一个战略计划，列出实施的优先事项和所有相关信息，如责任、合作伙伴、沟通和监管的义务等。

可能各区的具体情况和环境管理的方法、程度不同，但北京各生态涵养发展区需要优先解决的环境问题

都是水资源保护和空气质量，目前实行的环保措施也存
在很多共同的部分，环境管理的部门和责任分工都是一
致的，环境政策的制定和实施依据的都是北京市相关的
政策要求，根据各区的生态预算总预算表以及正在实行
的生态保护措施拟定北京生态涵养发展区生态预算执行
措施的通用表格，如表 5-32 所示。

表5-32 北京生态涵养发展区的相关措施和责任分配

资源	指标	短期活动	监控周期	主要负责部门
生活用水	生活污水集中处理率	建造污水处理厂站	每月	水务局 ——监测污水处理厂站建设进度及处理能力
水源质量与数量	重要水功能区水质达标率	水功能区水质监测	每月	水务局 ——监测水功能区水质
	中小河道治理	建立防洪设施	每月	水务局 ——制定防洪设施建造计划
	河流生态小流域治理	进行流域生态治理	每月	水务局 ——建设污水处理站 ——建设垃圾处理站 ——旱厕改造 ——制定水土流失治理方案
	污泥无害化处理率	进行污泥无害化处理	每月	水务局 环境保护局 ——建设污泥处理站

资源	指标	短期活动	监控周期	主要负责部门
空气质量	空气质量监测点数量	设立监测点	每月	环境保护局 ——计划监测点设立方案
	PM2.5年均浓度	PM2.5浓度监测	每日	环境保护局 ——监测PM2.5浓度
土壤质量	水土流失治理面积	种植水源保护林；治理被侵蚀土壤	每月	环境保护局 国土资源局 ——联合河北地区，种植水源保护林 ——设定土壤侵蚀治理计划
林地	森林覆盖率	——林地间伐 ——新树种植	每月	园林绿化局 ——林间间伐数的监控 ——新树种植量的监控

生态预算和整个地方的社会和环境相关，必须考虑实施措施之后公众对目标的反应。具体需要考虑的因素包括：政府或其他参与者为了达到预算目标而制定的措施，一般对整个预算有积极影响；在预算执行之前就已经存在的项目或活动，且对环境产生影响；不可预测的突发事件，可能有积极或消极影响。

北京生态涵养发展区目前存在的最大环境问题，也是急需优先解决的问题是：水资源的保护和空气污染。所以其环保政策和措施主要针对水资源、空气质量和用煤量。见表5-33。

表5-33 北京生态涵养发展区目前的部分环保政策和措施

		水资源	空气质量	用煤量	其他
共同点		①水污染防治工作方案；②河流水系综合合理和清洁小流域建设；③绿色生态廊道建设；④国控污水处理厂监测；⑤河湖生态环境管理"河长制"	①2018～2022年清洁空气行动计划实施方案：压减燃煤、控车减油、治污减排、清洁降尘；②禁止露天焚烧垃圾、焚烧秸秆、露天烧烤有关事项；③大气治理应急预案；④PM2.5监测体系	"煤改清洁能源"和"减煤换煤"工作方案或压减燃煤和清洁能源建设工作方案	①京津风沙源二期治理；②废弃矿山治理；③淘汰高排放老旧机动车；④植树造林
其他	门头沟区	水总量、用水效率和水污染控制"三条红线"			新城生态环境、园林景观、水系治理"三位一体"提升改造规划方案
	平谷区	①打造泃河、洳河生态试验区和环城生态走廊；②"一河十园"建设	完善空间一体化的空气质量监测体系	兴谷、滨河供热厂燃煤锅炉清洁能源改造	生态文明责任终身追究制度
	怀柔区	①制订了农村污水处理设施建设三年行动计划。②实施重点饮用水源地保护的规范化建设。加强水质监测，将饮用水安全状况信息向社会公开	实施垃圾焚烧发电项目		①建设京北森林健康体验基地示范区；②完善生态网格化管理机制

续表

		水资源	空气质量	用煤量	其他
其他	密云区	①2018～2020年推进河湖水系连通及水资源循环利用；②水资源开发利用控制、用水效率控制和水功能区限制纳污三条红线			①格长制；②创新型的政策，例如用环保积分换日用品
	延庆区	①进一步加快污水治理和再生水利用工作三年行动方案；②水环境治理三年行动方案	康庄、体育公园、玉渡山3个空气质量自动监测站建设	燃煤锅炉清洁能源改造工作方案	①"五河十路""绿色通道生态林用地及管护政策；②首都西北"三屏二带一网"的生态安全屏障

这些政策大部分有利于预算执行，如果在此基础上对每项政策进行整理、制定标准、按时监控实施进度，会更大程度地发挥这些政策的作用。同时，也应该建立应急措施，防范森林火灾、山洪等自然灾害对北京生态涵养发展区生态造成破坏。

5.5.2 监控与记录

预算年开始后，根据之前制定的列入预算的自然资源和相关指标，定期进行数据统计，意义在于：①预算团队有责任和义务报告最新的数据，并且指出潜在的或已经显现的和预算目标之间的偏差；②需要制定一个监控报告的模板，这样便能持续跟踪所有个体指标的相关信息，包括资源、指标、现今的数据及数据的类型、短期目标以及每一次统计的数据；③发现数据和目标之间存在偏差时，可以及时进行相关措施的调整。

北京生态涵养发展区在执行生态预算时，应该适时监控并统计相关资源的数值，这样可以及时发现问题，并且调整相关政策。避免年终计算预算平衡时才发现数值偏离计划太远而让目标落空。

5.5.3 纠偏措施

如果目标偏差较大，生态预算团队应在预算年度内及时制定纠正措施，就像财政预算中的补充预算。为了确保透明度，决议草案应该提供纠偏措施将如何影响环境预算的信息，从而进一步使环境消费合法化。

🌿 5.6　生态预算评估阶段

预算年度结束后，进入评估阶段。评估阶段需要制作年度预算平衡表，该表是在一个预算年度后检验当年的生态收入能否涵盖当年生态支出，通过此表政府人员和各利益相关者评估生态预算实施效果，即年度目标的实现程度和长期目标的完成度。通过内部或同行审计，对技术成果和过程组织进行定性和定量的评估，并提交各区人大批准。将获批后的预算平衡报告进行公布，让公众获悉当地环境政策的结果，并接受公众的建议和监督。同时还为管理层决策提供资料，使其了解本期环境预算平衡的数据和经验影响，并建立下一年度的预算编制。

5.6.1　制定生态预算平衡表

在环境预算年度结束时，生态预算团队需要总结资源账户并制定年度平衡表，作为生态预算周期的核心结果，最好以图表形式展示并公之于众，让人一目了然。

在实践中，年度平衡表类似总预算，指标包括：预算平衡数；短期目标和长期目标的完成度，并用图形形象描述；长期目标完成指数；分析和评估个别特殊指标及其目标实现水平。

短期目标的完成程度即年度预算平衡数相对于短期目标（年度目标）达到的程度，可以用公式表示为：

短期目标的完成程度＝预算平衡数/短期目标×100%

注：对于负向的指标，如PM2.5年均浓度，预算平衡值越小离目标更近，则应该使用上式的倒数。

为了使其一目了然，可以用图表示，完成程度分成4个档次，如图5-3所示。

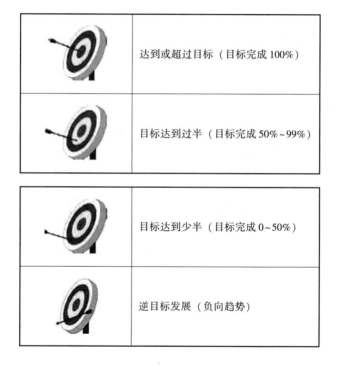

	达到或超过目标（目标完成100%）
	目标达到过半（目标完成50%~99%）
	目标达到少半（目标完成0~50%）
	逆目标发展（负向趋势）

图5-3　短期目标完成程度分级图

长期目标的完成度表示平衡值与长期目标的距离。可以用公式表示：

长期目标完成度＝（基准值−预算平衡数)/（基准值−长期目标)×100%

各指标的长期目标完成程度也可以图示法表示，如图 5-4 所示。

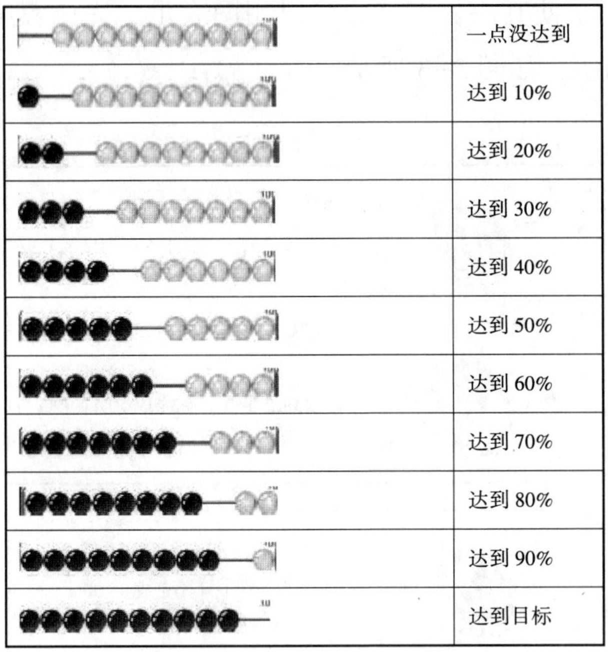

	一点没达到
	达到 10%
	达到 20%
	达到 30%
	达到 40%
	达到 50%
	达到 60%
	达到 70%
	达到 80%
	达到 90%
	达到目标

图 5-4　长期目标完成程度分级图

仿照贡土尔和塔比拉兰市的生态预算平衡表，在此仅以怀柔生态涵养区为例，结合前期工作模拟出怀柔区 2019 年生态预算平衡表，因为生态预算尚未实施，表 5-34 中 2019 年的预算平衡值是主观估计的，该表的目的是提供一个编制生态预算平衡表的标准范式，其他各区的生态预算平衡表可以参照该表（其他各区和北京市可参照该方式，在此不再一一列出）。

表 5-34　怀柔区 2019 年生态预算平衡表（模拟）

资源	指标	计量单位	基准值（2017年）	预算平衡值（2019年）	短期目标（2019年）	长期目标（2022年）	短期目标完成率（%）	短期目标完成评估
生活用水	生活污水集中处理率	%	70	82	80	95	100	
	长期目标完成度48%							
水源数量	用水总量	万立方米	8021	8290	8325	8700	99.6	
	长期目标完成度39.6%							
	生态清洁小流域	条	10	15	15	20	100	
	长期目标完成度50%							
水源质量	重要水功能区水质达标率	%	67	74	76	89	97.4	
	长期目标完成度31.8%							
	污水处理率	%	75	77	80	85	96.25	
	长期目标完成度20%							
土壤质量	水土流失治理面积	平方千米	50	135	150	203	90	
	长期目标完成度55.6%							
林地	森林覆盖率	%	56.3	57	56.9	58	100	
	长期目标完成度41.2%							
	人均公共绿地面积	平方米	26.22	26.5	26.55	27	100	
	长期目标完成度35.9%							

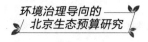

续表

资源	指标	计量单位	基准值（2017年）	预算平衡值（2019年）	短期目标（2019年）	长期目标（2022年）	短期目标完成率（%）	短期目标完成评估
空气质量	PM2.5年均浓度	微克/立方米	70.1	65.5	64.8	52.6	98.9	
	长期目标完成度 26.3%							

5.6.2　编制预算平衡报告

预算平衡表应该伴随着环境预算报告，其总结的措施分析和总体结果均应反映到预算平衡报告中，而且，内部审计的结果纳入环境预算报告，并提交各区及市人大审议和批准。

报告的主体部分应简要说明环境预算平衡表各个要素的数字和结果。应该包括环境预算年度的措施、事件、趋势、成就和问题。

生态预算平衡表的一系列数字构成了环境预算报告的基本组成部分。然而，解释部分的长度和细节的程度可以根据当地政府的意愿和做法适当调整。

5.6.3　预算平衡报告的批准

环境预算平衡报告应该在最终草案的讨论会议前向利益相关者公布，以便他们发表意见。经生态预算团队和执行机构修订后的环境预算报告提交各区及市人大讨论和批准。其中，最后一轮的讨论是总结所有其他讨论结果，并确定下一个环境预算的结果。最后，市人大通过投票批准预算平衡报告。此外，生态预算团队将会被委托准备开始下一个环境预算周期。

北京市人大批准的最终生态预算平衡报告应在地方政府门户网站和地方政府的官方刊物上发布，在可能的情况下，也可以发送给感兴趣的各方。为了保证预算平衡报告具有充分的代表性，在预算平衡报告被合法化后进一步应用于下一阶段预算编制之前，至少公示 4 周来接受公众的审查。

现在北京及其生态涵养发展区环境治理所依据的政策文件中，虽然对短期和长期目标做了描述，但在达到目标完成期限之后，并未对相关目标完成情况进行汇总评估，至少未对社会公布，这不利于环境的长期治理和保护。只有充分调动公众的积极性，才能保证措施正常实施。

在一个预算年结束后，政府应该在做完预算平衡和内部审计之后，公示相关结果，或者像《亚洲地区生态预算指南》中提出的，为目标的达成举办庆祝活动，若是这种大型的社会庆祝活动能形成一个年度庆典式的重要活动，至少公众会认可政府在环境治理上做出的成绩，从而增加对政府的信心。

6

生态预算绩效评价

在完成前面生态预算流程的基础上，需要对完成情况进行绩效评价。我国目前政府预算的评价主要涉及对社会经济的评价，对环境方面的绩效评价较少。随着政府对生态资源环境管理越来越重视，公众也开始关注环境效益，政府的绩效评价需要随之做出相应调整，符合生态文明建设的需求。可以把生态预算绩效评价与财政预算绩效评价融合，形成一套综合全面的政府生态绩效评价体系，帮助政府对环境资源管理进行有效监督和控制。政府生态绩效评价体系中最核心的是要建立绩效评价指标体系，我国政府的工作目标已经从"以经济建设为中心"转到以"科学发展观为统领"。评价指标也要顺应政府的工作重心，把生态、经济、社会效益相结合，定性和定量相结合。

　　由于生态预算绩效评价是生态预算以及绩效评价结合形成的一个新兴领域，所以在了解政府生态预算绩效评价的含义之前，先要明确绩效评价。在拉塞尔（Russell）和夫里兹（Shafritz）的理解中，绩效评价就是评价一个组织或者个体能否实现起始目标的系统，也就是说，在这个系统中，组织或者个体是否完成目标的评价标准就是绩效，在他们的定义中，绩效考核是一种用来促进组织或者个人不断发展及完善自己的过程。而罗斯勒则从另一个角度对绩效评价进行了界定，他认为绩效评价包括绩效评价的具体程序，绩效评价的规范操作和评价方法。在目前的学术界，大部分学者都认可的对绩效评价的定义实际上是以上两种观点的结合，绩效评价是指建立在一定程序和标准的基础上，对组织或者个体的表现进行定时和不定时的评价。根据上述观点，结合上文对生态预算的定义，笔者认为，政府生态预算绩效评价就是指在一定的生态预算年限内，对政府进行的生态预算实施过程及最终获得的社会综合效益，按照一定的标准和程序，使用科学的方法，对这个过程中的投入以及最终获得的效益进行客观、公正和科学的事前、事中和事后评价。本部分参考国内外专家学者提出的各种政府生态绩效评价体系，分析借鉴各种西方国家，如美国、英国和德国政府进行的预算绩效评估方法以及其中的成功案例，从中分析我国生态预算绩效评价可借鉴之处，形成适合我国生态状况实际的生态绩效评估指标体系，并对我国建设政府生态预算及进行绩效评价提出建议。

6.1 各国预算绩效评价对我国生态预算绩效评价的借鉴

初步了解生态预算绩效评价的定义后，结合国内外学者提出的关于生态预算绩效评价的设想，分析西方国家（例如美国、英国以及德国）政府采用的预算绩效评价方法，从中得出其绩效评价成功的经验，试着将这些经验应用到政府生态预算绩效评价中，为建立我国生态预算绩效评估指标体系提供参考，然后总结出更适合我国政府的生态绩效评价指标体系。

6.1.1　美国政府的预算绩效评价

政府绩效评价源于美国。1973 年，尼克松政府颁布了"联邦政府生产力评估计划"，并以此为基础，进行了大规模的实践。1993 年，联邦政府通过了一系列政府绩效相关法案，开始建立了国家绩效评价管理体系，并自此开始实施以绩效为核心的政府预算。法案中对许多美国联邦机构做出了要求它们定期提供年度绩效计划、长期战略规划以及年度绩效结果报告的规定，这一系列举动也表明，美国政府开始重视预算绩效评价的制度化以及规范化。因为美国政府对绩效评价管理研究得较早，在世界上也是处于领先地位的，所以美国在政府预算绩效评价方面已经构建了属于自己的较为完善的评价体系。在绩效评估工具中，美国环保局于 2002 年发布了项目分类评估工具（PART），EPA 已经建立了一个合适的评估体系，可以用来评估金融项目的绩效。这是环境保护项目绩效评估的重要工具之一，同时建立了污染防治和酸雨工程水污染与净水资金及绩效评估体系；与此同时，PART 由于本身结构的完整性，也引起了一些如经济合作与发展组织（OECD）这样的国际组织的极大兴趣。

6.1.2 英国政府的预算绩效评价

随着西方国家越发重视政府绩效评价，英国政府也开展了一系列活动来建立和巩固自身的绩效考核制度，并在逐渐完善制度的同时，将其推广到中央政府及各地方政府，从而形成一套英国独有的预算绩效评价体系。具体表现为，英国政府在 1997 年对下属各部门提交的绩效评价报告进行分析后，认为基于对林业部门的预算执行评价情况，应当制订一个更加明确的计划，在这个计划中，经过专业讨论提出五个大类目标，在此基础上，又分别设立了小的评价指标，例如林业可持续发展目标下设有 40 个小的评价指标，又细分为 6 类。

6.1.3 德国政府的预算绩效评价

德国基于在环境绩效评价方面的国内目标和国际承诺，于 2000 年发布了《德国环境绩效评价报告》。在这个背景下，有学者从不同角度探讨了政府预算绩效评价，首先，在绩效评价指标体系中，Lisa Segnestam（2010）持有的观点是，对于不同层级的绩效评价需要使用适合各个层级的指标体系，而具体说到指标体系的三个不同层级，分别是国家、地区以及国际层级。此外，一些机构和学者研究了环境保护部门的绩效框架，并将其重点放在了对三方面的绩效评价的评估上，即财政纪律、配送效率和成本效益，与此同时，类似世界银行这样的国际组织也对环境保护项目进行了大量的绩效评价研究。同时，环保项目的绩效框架表明，对于项目财政上的支出的评价应该从管理效率、环境影响和财务稳定三个方向进行绩效评价。

6.1.4 对我国生态预算绩效评价的借鉴

综合上面所描述的情况来看，在设立颁布相关法律法规以及研究方面，西方国家的政府机构基本形成了一套较为成熟的体系，与我国相比，西方国家形成的这套评价体系已经可以较为成熟地应用于各项政府工作中。与此同时，在它们的绩效评价体系应用的过程中，得出的结果能够很好地运用于预算编制的过程中，为这个过程提供了参考依据和价值。例如，在美国和英国，他们的绩效评价结果都很好地与预算编制的过程结合起来了，而且在美国，各个政府部门建立下一年度预算的基础很大程度上就是上一年度的绩效评价结果。中国各地的城市环境规划和绩效评价基本上都是由环境保护部门组成的。一方面，没有公众和其他政府部门的参与，规划与其他部门和行业的发展规划没有关系，甚至是冲突，导致预算方案的可行性较差；另一方面，它扭转了政府和环境保护部门的职责地位，降低了预算绩效的地位，加大了实施环境规划资金和实施综合整治的阻力和难度。此外，具体操作还存在许多不足之处，如环境规划的审批、实施和监督检查等，以及环境生态预算和绩效评价体系的专业素质和技术实力的缺乏。而且很多时候，在制定了相应的年度预算计划后，并没有及时规划好之后相对应的战略部署，从而导致即使成功制订了计划，缺乏细节的落实规划，也仍然无法将计划落实。

与国外相比，中国在立法和研究方面本就落后。但好在近年来，许多国内学者也逐渐意识到进行政府预算绩效评价研究的重要性，在对政府预算绩效评价研究的过程中，在评价的对象、过程、模型和指标体系方面也取得了一定的研究成果，为今后的研究工作提供了一定的理论依据。遗憾的是，在我国政府预算的制定过程中，并没有很好地把研究的成果用到预算编制和后续评价的过程中，因此使得对政府预算的绩效评价研究成为纸上谈兵，无法运用到实际应用中。

6.2 政府生态预算绩效评价指标体系

在了解和研究上述理论基础后，结合国内外专家学者的研究成果及部分理论，根据国内外生态资源环境评价的理论和实践经验，正式开始探索适合我国实际情况的政府生态预算绩效评价的指标体系。

6.2.1 生态预算绩效评价指标体系的遴选过程

根据上述对政府生态预算以及绩效评价的研究，结合国外施行的绩效评价体系的经验，笔者认为，政府生态预算绩效评价的过程主要包括三个方面：

第一方面是生态自然有形资源和生态财政资金资源投入比例。生态财政资金资源的投入比例表明在制定生态预算的过程中是否合理使用了政府投入的生态财政资金，是否将资金用到了合适的地方，而生态自然有形资源投入的比例则验证了珍贵的自然资源是否被合理利用以及规划，能否达到最终目标。

第二方面是生态财政资源分配的合理性。也就是生态资金是否被有效分配到不同情况的生态支出，整个过程是否进行了合理配置。具体来说，生态支出也主要包括两个方面，首先是指社会高速发展导致的生态破坏，从而减少了生态效益。其次是指由于资源环境的过度消耗与破坏导致的生态效益减少。也就是说，生态支出主要包括两个类型，分别是资源的减少以及环境的破坏，资源的减少也就是具体的生态资源，例如可种植的土地、燃烧能源以及树木等有形资源消耗导致的减少，而环境的破坏也就是淡水水质或者空气质量等遭到破坏。

第三方面是生态预算的产出表现主要包括经济效益、生态效益、社会影响和可持续发展的效应，这些效益主要是生态效益。从生态资源的配置、生态资源规划的目标、生态资源的可获得性等方面来描述生态产品或生态服务的数量和质量、增加和减少变化等。过程控制的性能基本上体现在生态预算的遵从性，即合规的生态资源和环境管理，而产出绩效的本质是生态资源和环境管理的影响，即生态资源和环境管理的有效性。可以看出，过程控制性能和输出性能是执行性能的两个方面，因此可以统称为执行管理性能。换句话说，政府的生态预算绩效也可以分为两个层次：决策绩效和执行管理绩效。

与此同时形成遴选的具体步骤：首先，明确绩效评价目标。其次，定义绩效评估指标的设计原则。再次，明确绩效评价影响因素。主要包括国家环境政策法规，区域经济发展水平和资源禀赋水平，以及绩效考核指标的效率和客观因素。最后，根据上述理论研究，政府生态预算绩效评价指标体系可分为两个具体的评价体系，一是决策绩效评价体系，二是执行管理绩效评价体系。根据平衡计分卡分析框架，考虑财务、内部流程和公共因素，设计政府生态预算绩效评价指标流程（见图6-1）。决策绩效评价的目的就是评价管理层在制定生态预算的过程中是否起到了应有的作用，评价管理层所做出的决策是否足够合理。也就是说，政府需要在进行决策绩效评价之后，确保管理部门做出正确的决策，再决定生态资源的投入比例以及合理性。而执行管理绩效评价体系的目的就是评价执行管理层在执行的过程中是否操作合理合规以及最终结果是否与预估的一致，确保决策得到正确、高效的实施，以及用最终结果来判定整个管理过程是否准确有效。

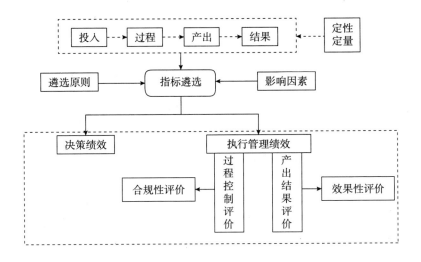

图 6-1　政府生态预算绩效评价指标体系遴选过程

6.2.2　政府生态预算绩效评价指标遴选的规范分析

对政府生态预算绩效评价进行研究最重要的部分就是建立一套科学合理的综合指标体系，既然要求综合的指标体系，就既需要考虑经济方面的影响因素，也需要考虑生态综合绩效。这些指标的选择需要考虑到公众的利益以及公众最关注的方面，也需要经过科学的分析和研究才能选定。也就是说，对于指标体系的确定需要基于公众参与监督，再加上政府方面组建的科学团队进行详细研究之后才能决定。生态预算绩效评价得出的结果在编制生态预算的时候可以提供参考，若结果显示这个过程是合理有效的，下一年进行生态预算的时候，管理层参考这个结果有助于提高生态预算决策和编制的水平，对生态预算起到了正向的促进作用；但若结果显示有部分不足，可根据这些结果调整生态预算，从而可以不断地相互促进和改善。

在了解指标遴选的过程后，在文献研究的基础上，结合国内外专家学者的成果和理论，分析并初步构建了一套系统的政府生态预算绩效评价指标体系，这套体系由评价目标、评价因素和具体评价指标构成（见表6-1）。其中，决策指标的确定过程中，需要考虑决策是否合理和科学。决策过程的科学性的检验主要是在环境保护目标确定过程和生态补偿标准确定过程两个方面进行的。决策内容的合理性主要来源于环保资金的配置和环保设施的配置。过程控制指标的确定则需要从资金和计划执行方面来评价预算制定的合规合理性，具体的评价结果指标则主要来自最终是否达成目标以及计划带来的影响。

在上述理论分析的基础上，笔者对各种评价的指标进行进一步分析，并在分析的基础上进行必要的调整，最终得出一个相对完整的生态预算绩效评价指标体系。G、H、K、L分别用于表示预算决策、关键环境因素输入、过程控制和输出四个子系统。两种类型的问题I和J分别被用来表示H下属对生态环境的日常维护投入和生态环境的恢复投入两种子系统。

表 6-1 政府生态预算绩效评价指标体系

一级指标	二级指标	三级指标	指标说明	变量标识
政府生态预算决策绩效评价	预算决策的科学性（包括程序和内容）	（1）政府环保决策的公众参与程度	评价政府的环保决策公众是否知情	G1
		（2）政府决策补偿标准公众支持度	评价政府决策是否考虑公众利益	G2
		（3）当地环境问题的财政支持情况	评价政府是否支持环境维护	G3
		（4）日常维护及恢复相关投入情况	评价政府是否重视日常维护	G4
	关键环境要素投入绩效（包括生态环境日常维护和恢复建设）	（1）环境保护行政投入	反映政府生态预算支出	I1
		（2）生态资源综合应用投入	反映政府对各项生态资源的综合支出	I2
		（3）环境监测投入	反映政府的环境监测支出	I3
		（4）自然生态的保护投入	反映政府对生态保护的支出	I4
		（5）宣传环保的投入	反映政府为提高公众环保意识的支出	I5
		（6）污染治理的投入	反映政府对污染的治理性支出	I6
		（7）退耕还林的投入	反映政府对已遭破坏的环境恢复性支出	I7
		（8）城市绿化建设投入	反映政府改善城市环境的支出	I8

续表

一级指标	二级指标	三级指标	指标说明	变量标识
政府生态预算执行管理绩效评价	生态环境管理合规性指标	（1）环保支出违规审批率	评价政府的生态保护支出是否合理	K1
		（2）环保支出资金到位率	评价政府的生态支出费用在合适的位置	K2
		（3）环保项目达标率	评价政府的支出是否得到合适的回报	K3
		（4）环保规划项目进展情况	评价政府的实际进度是否得当	K4
		（5）环保支出信息公开情况	评价政府生态预算是否做到信息透明	K5
	生态环境管理执行效果指标	（1）预期目标实现情况	评价政府的生态预算是否合理	L1
		（2）生态支出的经济效益	评价政府花费在生态治理的资金是否运用到位	L2
		（3）生态环境问题的解决情况	评价是否得到预期结果	L3
		（4）公众环保意识提高程度	评价生态预算宣传是否得到正面影响	L4
		（5）公众对生态的满意程度	评价政府政策是否落实	L5

6.2.3 政府生态预算绩效评价指标的重要性分析

（1）一级指标的重要性分析。参照肖田野（2008）对指标的设计和分析，从部门的角度来看，一级指标的重要性主要基于以下分析：在评价生态预算绩效时，各个政府预算部门会侧重于最终的结果以及这个结果对预算编制过程起到的参考作用，而专业的科研部门里大部分是专家学者，他们更加侧重于决策过程的科学性，这也与他们本身的严谨性有关，他们可能过于追求理论的完美，也就忽略了实际操作过程中的可行性。除此之外，大部分指标都是定性指标，也就是很难通过定量的分析去判断指标的合理性，这类指标的可衡量性就随之降低了，即便如此，我们也不能弱化这类指标的考核，相反，我们更应该多关注这类指标，因为政府进行生态预算的过程中，需要考虑这些指标的重要性，科学有效的管理离不开合理的决策过程，这两个因素是相辅相成的，同样处于很重要的地位。离开了科学的决策程序，管理再优秀也无法得到有效的展示，而离开了良好的管理以及实施，再科学的决策也只是虚有其表，无法发挥实际作用。也就是说，决策绩效指标与执行管理绩效指标之间的重要性比率应接近 1∶1，由于科学决策是生态预算的前提和基础，只有有了这个大前提，生态预算才可以有效实施，取得良好效果。

（2）二级指标的重要性分析。二级指标主要是根据政府每年公开的财政预算中有关生态方面的支出来设计的，从部门的角度来看，科研部门可能会最重视预算决策指标，政府和执业部门可能会对管理合规性和管理效能指标给予最高的评价。原因分析：主要是由于科研部门主要从理论层面入手，对决策重要性有较深的理解；与之相反的是政府部门则需要从各种社会实际出发，综合考量各种社会经济方面的因素，侧重于关注生态财政预算中资金使用的合理合规性；而这种政策下达到实际运用部门的时候，侧重的角度又不一样了，在实际的操作过程中，会更注重实际的生态财政资金带来的实际效益，更加重视利益。因此，管理合规性和管理效能指数的重要性应占综合绩效的 1/4 以上，决策绩效中的二级指标应小于 1/4。

（3）三级指标的重要性分析。三级指标的设计就需要考虑更加细致的方面，参考之前的学者做出的对指标体系的研究，从三级指标中选择部分具有代表性的指标进行重要性分析。首先，生态环境日常维护投入和生态环境恢复与建设的投入比例较大。其次，对生态补偿标准初步研究成果的支持也应该比较大，这主要是因为公众需要满足自身对政府部门的期望，他们希望能够及时准确地了解政府生态财政预算资金的用途。再次，对当地主要环境问题的财政支持也应该更大。这个指标能够很好地反映地方政府是否有能力和意愿提供足够的资金来确保环境保护规划的顺利实施。这个指标的重要性水平应该高于平均水平，因为大多数公众可能会通过这个指标来判断政府是否根据实际财政能力制订了生态资源预算。最后，环境管理信息披露的数量/频率不容忽视。这个指标与公众的知情权息息相关，它主要考察了公众对政府生态预算过程的了解程度以及判定政府进行生态预算的合理性，反映了政府生态预算实施可以由直接利益相关者监督的程度。只有政府在实行生态预算的过程中真正做到信息的公开透明，也就是各个部门之间能及时进行信息交换，才能更好地提高政府部门的编制和决策效率，与此同时，社会公众也可以真正解决与政府部门之间的信息不对称问题。

6.3 完善政府生态预算绩效评价

6.3.1 建立政府生态预算决策的公众参与机制

生态预算最重要的初衷就是解决社会公众的问题，当然最重要的就是与其直接相关的社会公众。那么我们如何确保社会公众参与生态预算决策？这就需要政府从实际出发，建立一个真正能让公众参与其中的生态预算决策机制。具体来说，政府可以采取如下措施：基于政府生态预算绩效评价的特点，政府需要建立各种各样的公众参与渠道。例如，政府需要设计一个新的生态预算决策计划时，可以通过发动干部走访或者深入群众生活得到更多群众的想法，通过这种形式就能很好地解决公众参与政府生态预算计划的问题，充分考虑群众的想法以及他们最迫切的要求，而且在走访的过程中，也能深入了解基层的情况，在制定之后的预算时也能更充分地考虑社会公众利益。但这种方法也存在一定的局限性，因为走访和调查都需要大量的时间以及人力资源，在进行大规模的生态预算决策时，这种方式所耗费的成本太高，政府可能无力承担。在这种情况下，政府可以采用更多样的方式去了解公众需要，例如，可以在选取部分代表现场参与发表意见的同时，采取网上调查的方式征求社会公众的意见。但这种方式也存在一定的局限性，因为可能存在重复投票或恶意投票的现象。因此，在建立实名制投票制度的同时，政府需要建立信息安全问责制度，消除公众疑虑，保证调查结果的真实性和全面性。

6.3.2　建立政府环境管理约束机制

在研究政府生态预算绩效评价指标体系之后，政府需要考虑对自身的约束机制。在以往的绩效评价中，始终把"投资治理评估"作为生态评估的唯一指标，而现在需要将生态控制指标也纳入评估体系，并且不能再对所有的地区都采用同样的评价方法，而是需要根据各个地区不同的环境和资源特点，实行不一样的生态预算绩效评价体系，同时建立日常和专项综合生态预算管理约束机制，而且对生态环境日常维护和恢复建设投资分别实行日常和专项预算管理办法。具体做法为：利用政府生态预算绩效评价指标体系来评价执行结果，利用这个结果，正向作用于生态预算编制过程。与此同时，成本核算的概念被纳入预算，从而在制度上加强了政府的内部控制机制。

6.3.3　开展政府生态预算信息化建设

在信息高速发展的社会，信息化的手段应当得到充分利用，利用这些信息化的工具和技术来强化政府的生态预算绩效评价过程，更方便快捷。信息化本身的特点就是效率高，同时质量更优，所以政府的预算信息化已经成为大势所趋。例如，在管理生态预算信息方面，ICLEI网站（www.iclei.org）和生态预算网站（www.ecobudget.org）均已在海外设立，在这些网站上，对亚洲和欧洲的生态预算都有着详细记录，并提供了实施生态预算过程中的指导原则。而且，在全球信息高速发展的现在，为了适应全球发展，中国更应该加快政府生态预算信息化建设。

6.3.4　将资源预算因素纳入政府生态预算绩效评价体系

最重要的是，在对政府预算绩效评价进行研究的过程中，笔者注意到之前的政府绩效评价的内容很少有与生态资源保护相关的内容。即使有，也完全没有与财政预算相关的内容多，政府机构的研究人员都在为获取数据而努力。大部分时候，政府预算绩效评价没有对生态资源保护相关内容进行全面评价，主要停留在对财政方面的预算，很少考虑资源预算因素，也就是说，没有对政府投入但应该保证库存的实物资产进行评价。这也就导致目前政府的预算绩效评价再全面、再权威，也没有办法真正解决生态资源管理存在的问题，导致政府对生态环境资源的长期管理常常陷入"不管—损害—投资治理—恢复—不管"的恶性循环中。所以，在建立政府生态预算绩效评价指标体系的过程中，一定要考虑生态资源预算的因素。

7

北京及其生态涵养区实施
生态预算的问题及保障措施

北京及其生态涵养发展区现今在环境管理方面仍存在一些问题，如生态建设的目标缺乏具体数据描述，各区在制定生态和经济建设的短期、中期和长期目标时，除了 GDP 等经济指标有明确的数据外，生态建设的目标仅有模糊的描述。缺乏定期的监控和数据统计，虽然当一项措施进行到一定程度的时候，有对进展进行统计，但没有一个固定的或规定的频率，不利于对生态环境的实时监控。缺乏具体的执行指标和负责部门，很容易导致制定的目标成为一纸空谈，纲要式的文件缺乏约束力，同样会在一定程度上影响目标完成的效率。缺少目标完成情况的公布，除去期中零散简单的项目成果公告，各生态涵养区均没有短期、中期目标，也均没有完整的结果报告，公众不了解政府在生态治理方面的成果，对于参与相关活动也就缺乏积极性，而环境治理是不可能缺少公众参与的。

　　然而，在生态预算的初期阶段，需要大量的原始数据以及相关分析，以此得出的总预算表有明确的数据描述；同时，明确划分责任主体也是预算初期的一个重要要求；在预算执行过程中，要求至少一年（若是短期目标则至少一个月）进行数据统计，以便实时监控相关措施的进程和目标的完成情况；在一个预算年之后，信息的公布是一个重要的环节，不仅能借此增加公众对政府改善环境的能力的信任，同时也是一个有效的外部监督手段。所以，通过实施生态预算可以在一定程度上避免北京及其生态涵养发展区当前环境管理过程中存在的问题。但在实施生态预算过程中同样可能会遇到一些阻碍，需要采取相应的措施来解决。

7.1 北京及其生态涵养区实施生态预算存在的问题

第一，理论研究的不足和国内实践经验的缺乏使生态预算在北京及其生态涵养区处于探索阶段。我国当前对于生态预算理论的研究尚处于起步阶段，现有的研究生态预算的相关文献不多，且大多集中于对欧洲、亚洲城市生态预算经验分析和结合我国研究生态预算的应用，并没有形成完整的系统，所以，实施生态预算缺乏系统的理论指导，更没有足够的可以完全胜任的执行人员，因为目前公众和政府人员对此比较陌生，学习和探索生态预算也无从下手。另外，相对于国外成熟的生态预算的实践应用，国内没有任何生态预算的试点或实践，而且国外生态预算的实践案例大多在欧洲，与我国相关的制度、文化等情况相差较大；而亚洲仅有的 2 个实践案例在印度和菲律宾，印度曾长期作为英国的殖民地，文化制度和欧洲有一定程度的相似，菲律宾也曾相继被西班牙、美国和日本占领过。经验的缺乏意味着北京及其生态涵养区实行生态预算必然处于探索阶段，可能产生的问题无法预料，也没有应对生态预算突发问题的相关经验，这会对生态预算的实行造成阻碍。

第二，东西方文化的差异阻碍生态预算在北京及其生态涵养区的实施。生态预算是在西方的价值观和文化背景的影响下创立的一种管理模式，文化是一种内生变量，将会深刻影响该方法的实施成效。在东西方文化差异的情况下，照搬国外经验必然产生一些问题，具体表现在公众文化和监督机制方面：在公众文化方面，西方的文化和价值观更加注重个人权利，公众会更加积极地参与对政府及相关政策的监督，以便维护自己的权利，而且监督的途径也更加多样和有效。但是国内公众参与公共事务的热情不高，通常采取"事不关己，高高挂起"或是"多一事不如少一事"的态度，这样，生态预算中极为关键的公众参与和监督就无法正常地发挥作用，环境治理因而成了政府单方面的事务。在监督机制方面，西方的监督机制相对成熟，内部监督、平行部门间的监督以及外部监督相互作用，构成了比较完整的监督机制。但国内的外部监督，也就是公众或民间组织的监督基本没有发挥作用，平行部门间因"情理的认同感"，监督效力更加低下。所以只有内部监督，也就是法定的监督部门的监督在发挥作用，但这显然是远远不够的。

第三，政府内部审计的局限性无法保证生态预算内部审计的公正与独立。生态预算基本流程设计中将预算平衡报告交由内部审计部门评估和监督，这是由于欧洲国家内部审计是独立的，相对于本部门的管理层具有很强的独立性，保证内审机构的工作不受其他部门甚至管理层的干扰。只有保持独立，才能保证客观公正的审计结论，独立性是审计的本质要求，是审计的灵魂。而北京生态涵养发展区目前的内部审计机构是区政府的下属部门，内部审计的日常工作直接向部门管理层负责并接受管理层的授权，大大降低了内审的独立性；而且，单位负责人对内审人员拥有充分的奖惩权和人事权。所以，在执行生态预算审计程序时显然有失权威性和独立性，不利于对生态预算结果进行公正的评估。另外，生态预算是一种新型的环境管理方法，对于生态预算平衡报告的审计目前还没有确定的审计程序和方法，更重要的是缺乏该方面专业的审计人才，对过程评价和预算绩效没有完整有效的体系，阻碍生态预算流程的持续进行。

第四，生态预算绩效考评存在诸如考评机制不健全、考评主体单一和考评信息采集失真等问题。首先，生态预算在北京生态涵养发展区首次试行，各方面的考评制度仍处于探索阶段，缺乏统一的法律法规和相关政策作为依据，缺乏完善的绩效考评管理和实施制度保障。其次，北京生态涵养发展区现行的考评办法是自上而下与自下而上相结合的方法，理论上这两种方法的结合生成的考评结果可以比较客观准确地反映工作业绩，但在实际执行过程中考评主体仍然是各区政府，相关考评职能部门履行职责，没有体现公众、专家学者和社会团体等的意见，容易带有主观色彩，并且很难规避人情因素干扰其公正性，公众参与度不够不利于绩效考评的客观性，更不利于生态预算的实施。再次，将生态预算绩效纳入各部门的政绩考评，如果没有完善的考评机制将会引发各部门片面追求各自的政绩而损害其他相关部门的利益，严重阻碍部门间的合作，更不利于生态预算的实施，因为生态预算的实施前提就是相关部门间的合作。最后，目前北京生态涵养发展区政府绩效管理的信息化程度较低，考评信息与实际情况相背离的现象长期存在，影响生态预算绩效管理，具体表现在政府考评信息存在滞后和缺失的现象，降低考评结果的有效性和准确性。

第五，政府管理制度的缺陷导致生态预算实施过程中各责任主体的责任协调构成严重挑战。从已成功实施生态预算的城市可看出，生态预算实施过程体现了强的部门协作：各相关部门除了负责编制本部门的规划外，还和其他部门的官员一起组成生态预算的执行小组，同时为了防止各部门的机会主义行为，人大也参与生态预算管理，审核和批准总预算和预算平衡报告，监督生态预算执行。在这种委托代理关系和契约关系下，如何合理分配和平衡各部门的职责和权限？协调小组如何协调各部门使其连成一个统一的整体？这些都是值得探究和不可避免的问题。而目前我国的政府管理制度中存在严

重的"部门分割式管理"现象，各部门各自为政，追求
本部门的政绩和效益，但生态环境是一个整体的系统，
如水资源、水环境和水污染治理是相互联系的，不合理
的水资源开发会削弱水的自净能力，降低水环境质量，
水环境质量的下降也会减少可用的水资源量。水环境和
水污染治理的管理部门是环境保护局，由下属的污染控
制处和环境监测部门负责，而水资源的开发和保护与生
活用水的职能部门是水务局。如果环境保护局制定水环
境保护规划和水污染治理方案，水务局制定水资源开发
与保护规划，将会出现"多头治水"的现象，不利于水
资源的综合管理。甚至这种管理方式还会因为一个部门
保护资源或减少污染而损害另一种资源或转移了污染，
如城市污水处理厂处理污水再利用，节约了水资源，但
产生了大量的沉淀物，这些沉淀物的倾倒和存放可能会
对土壤和地下水造成污染；固体废弃物的焚烧或填埋可
以大量减少垃圾，但也会污染大气、土壤和地下水。所
以，当前"部门分割式管理"带来的严重弊端将不利于
生态预算的执行。

7.2 北京及其生态涵养区实施
生态预算的保障措施

第一，完善的理论依据是生态预算成功实施的基
础，考虑到国内目前对生态预算的研究不足的现状，积

极组织和鼓励有关专家学者研究生态预算理论，并向市环保局甚至环保部建议深入研究生态预算这一新兴领域，形成一套完整的理论体系，确保北京生态涵养发展区成为良好的生态预算在全国范围内推广的先锋。积极与已经成功试行的国家或城市取得联系，相互交流，详细研究国外成功经验，如采用生态预算执行小组的形式以促进部门间的良好沟通，通过大量的宣传活动调动公众参与环境治理的积极性等，特别是希望得到生态预算的提出组织 ICLEI 的指导。在生态预算探索阶段，基于北京生态涵养发展区的自然资源和生态环境，分析其和北京生态涵养发展区在管理体制、公众文化、监督机制、自然环境等方面的异同，在实践中不断修正生态预算程序，并建立完善的生态预算法律法规，约束生态预算的实施，避免管理、执行、审计等方面出现漏洞。同时，因为首次实施生态预算，无法预知实施过程中可能会遭遇的突发状况，实施之前可以组织专家和 ICLEI 的指导者一起组织团队分析和制定各方面的应急预案，避免在实施过程中遇到问题而手忙脚乱。

第二，鼓励公众积极参与生态预算，完善监督机制。首先，加强环境宣传教育，提高公众的环保意识，让公众充分理解自然资源和生态环境是息息相关的大事，是人类生存的基础，同时，印发生态预算相关知识手册，让大众了解生态预算的概念和操作流程，否则他们将无法参与进来。其次，政府相关部门和生态预算团队要广开渠道，让大众有处可提意见，除了已有的市长信箱，还要定期走入群众、社会团体、专家和企业内部，及时倾听公众的声音。再次，积极响应群众意见，在生态预算方案设计中，生态预算团队和各责任主体充分考虑和分析公众的建议，在此基础上完善生态预算方案。最后，"内部监督"与"外部监督"双管齐下，特别是接受外部监督——社会与舆论的监督，实施生态预算的主要目的是解决与人民群众息息相关的生态环境问题。同时，适当将生态承载力等生态工具和生态预算结合使用。生态预算是一种生态管理模式，和多种生态管理工具结合使用会达到更好的效果。虽然生态承载力、生态足迹等生态工具存在一定的缺陷，但不可否认的是这些生态工具在其关注的方面仍然是有效的。所以，若是将生态预算结合这些生态工具使用，会产生更好的效果。

第三，在政府审计指导下，由社会审计和环保人员共同合作完成审计工作。按照审计主体划分，我国现阶段有政府审计和社会审计两种模式，即政府审计机关的审计和社会中介机构注册会计师的审计。1998 年，国务院批准的审计机构改革方案明确环境审计由政府审计机关进行。但是，生态预算的计划、执行和结果报告都是政府完成的，而且内部审计机构是区政府的下属部门，如果让政府进行执行结果的审计，政府内部审计机构无法保证完全的独立性，很难保证审计结果的公允、公开和公正。所以，为了防止政府部门间为了各自利益产生"合谋"的现象，审计过程应该遵循回避原则。而且，由于生态预算审计的特殊性和专业性，需要大量既具有财务审计知识，又具有生态环境管理知识的综合型审计人员，而政府内部审计机构难免会缺乏此类人才，政府机构也不可能花费财力去聘用大量审计人员来完成生态预算审计，所以，选择社会审计来监督和评估生态预算管理将会是明智之举。社会审计作为独立的第三方审计机构，不仅可以确保生态预算审计的公平、公正、公允，而且从审计的专业性来看，社会审计通过自身的市场竞争力和专业知识来服务客户，是专业的服务性机构，旨在不断提高服务水平让客户满意。然而，传统社会审计人员来审计生态预算时会有缺乏环境专业知识的不足，而短期内又无法获取大量具备环境专业知识的综合型从业人员来适应生态预算审计的需要。所以，为了保证生态预算审计的公正性和独立性，又不违背国务院赋予政府审计机关环境审计权力的规定，可以在政府审计的指导下，由社会审计和环保人员合作完成审计工作。另外，在发展中国家，审计人员对公共管理领域的审计程序和数字并不熟悉，所以，至少先通过2~3年的试用来逐步完善审计。

第四，完善生态预算绩效考评机制。首先，建立绩效考评相关的法律法规和管理制度，地方政府和生态预算团队根据本区域的实际和政绩考评建立生态预算绩效考评的监督机制、回避制和责任追究制，完善考评结果的反馈和运用机制，将考核结果与干部的职务晋升、物质奖励和培训相结合。其次，构建多元化的绩效考评主体，特别是独立于政府的主体。在充分发挥现有考评主体作用的基础上，提升公众的参与度，参考第三方的考评机制，扩大考评主体的范围，逐步建立起包括考核办、人大、专业考评机构、社会公众、新闻媒体和专家学者在内的综合考评主体。再次，完善绩效考评指标体系，根据北京生态涵养发展区生态预算的执行实践和已有的绩效评价体系不断完善绩效考评指标，确定考评标准，合理分配各层次指标的权重，明确积分方法，形成一套适合我国国情和北京生态涵养发展区的生态预算绩效评价体系。最后，加强绩效考评的信息化建设，建立全面的信息收集网络，特别是利用非政府的信息渠道，加大信息的公开力度。

第五，协调好各责任主体的职责、义务和权限，规避因政府管理制度而引发的生态预算问题。首先，各区的生态预算协调小组要发挥积极作用，统筹相关各部门的生态预算工作，明确各部门的职责，利用权威要求各部门特别注重通力合作，定期召开相关部门交流会议，一起商讨和协调部门间工作。其次，需要市级生态预算协调小组协调和统筹各生态涵养区的生态预算工作，方便各区之间的沟通、交流和学习，保证生态预算在各区成功试行。再次，把生态预算纳入各生态涵养区的整体规划而非将生态预算独立在规划之外，这将会有利于生态预算的有效实施，意味着各生态涵养区的所有活动都应该把相应的环境因素考虑在内，而不是单独进行环境管理，各部门在制定计划时也要考虑环境因素。最后，建立部门间的资源共享机制，突破各部门的资源和信息壁垒，利用网络技术，由生态预算协调小组牵头建立"跨部门协作"的信息互动平台，以达到各相关部门资源和信息共享。

8

结束语

全球一半以上的人口居住在城市，其城市环境治理都面临极大的挑战，可持续发展在全球范围内各个国家都引起了极大的重视，成为城市发展的指导性战略，资源的稀缺成为目前大多数城市发展的一大制约因素。如何高效控制管理生态资源与城市环境，最大化利用生态资源，避免资源掠夺性开发和人为破坏已经成为各个国家政府迫切需要解决的重大问题。生态文明建设是我国经济社会全面协调可持续发展的必然要求。所以，探索出一种适合我国国情的真正有效的环境管理方式尤为重要，而生态预算的出现和发展将会是一个契机。生态预算作为综合的环境管理模式，弥合了经济和生态思想之间的差距，能够突破现行生态环境部门分割式管理的瓶颈，为实现可持续发展做出真正的贡献。生态预算在预算目标与实施的过程中需要各部门以集体利益为主，团队合作，既加强各部门的联系又能充分发挥各自的优势，达到1+1>2的效果。国外已经对生态预算进行了多次成功的实践，生态预算实施程序不断完善，积累了很多宝贵的经验，对北京乃至全国的环境治理有重大的启示与借鉴意义。

　　本书通过学习国外生态预算6个示范城市的预算方

案，在生态预算研究现状和实践经验的基础上，对北京市及其生态涵养区生态资源现状进行充分分析，在扬弃和创新的原则上尝试为北京市及其生态涵养区设计了生态预算实施方案，展示了生态预算执行的主要思路和流程，为生态预算在我国其他城市的进一步推广奠定基础。在我国试行生态预算，我们要在借鉴国外优秀经验的基础上顺应我国国情，"取其精华，去其糟粕"，让生态预算创新化、中国化，为公众、国家、政府及其他利益相关者提供真实有效的信息，方便其更好地决策，改善我国的生态环境状况。缓解资源与环境的矛盾是一项长期而艰巨的任务，迫切需要全社会和全体公民共同参与。只有共同努力，上下齐心，才能真正促进资源和环境的可持续发展。因为是一个创新性的成果，设计过程难免存在一定的局限性：书中选取的环境问题和资源均是作者经过实地调查和翻阅大量资料得出的，书中的数据借鉴了北京市和各生态涵养区已有的规划文件和统计年鉴，有些部分与实际落地可能还有一定距离，因此在实际操作过程中建议各区组织专家学者针对生态预算进一步完善资源的选取和目标的设定，使生态预算这一新的环境管理方式有效执行，总结经验并在其他地区推广。

附　录

附录 1　贡土尔 2006 年预算平衡表和 2007 年总预算

资源	指标	计量单位	基准值（2004 年）	当前值（2006 年）	短期目标（2006 年）	长期目标（2015 年）	短期目标完成评估	短期目标（2007 年）
水源质量	质量监测	参数数量	1	14	14	14		14
	长期目标完成度 100%							
	监测频率	每天 30 个样本，每月的水质参数分析	每个水库 2 个样本的 1 个参数分析	2（14 个参数）	2（14 个参数）	5（14 个参数）		3
	长期目标完成度 40%							
水源数量	饮用水的流失		输水管覆盖 80% 区域；水罐车覆盖 20% 区域，供水量无记录	输水管覆盖 85% 区域；水罐车覆盖 15% 区域，供水量开始记录	水罐车供水量通过软件记录和监测	水罐车供水量通过软件记录和监测		
	长期目标完成度							
	饮用水供应	L/（人·天）	110	120	120	130（2015 年）		120
	长期目标完成度 0%							

资源	指标	计量单位	基准值（2004年）	当前值（2006年）	短期目标（2006年）	长期目标（2015年）	短期目标完成评估	短期目标（2007年）
健康	废弃物收集	被收集的市民百分比	50	70	70	100		90
	长期目标完成度40%							
绿色城市	绿地覆盖面积	每1000人的平方米数	78	89.6	100	200		130
	长期目标完成度10%							
空气质量	已发放营业执照的数量	个	450	1395	650	1724（2015年）		1540
	长期目标完成度74%							
	悬浮颗粒物浓度	质量指标	无监测系统	无监测系统		引进监测系统并每地每月监测一次		完备的监测系统
	长期目标完成度							

附录 2　塔比拉兰市 2006 年生态预算平衡表和 2007 年总预算

资源	指标	计量单位	基准值（2004 年）	当前值（2006 年）	短期目标（2006 年）	长期目标（2015 年）	短期目标完成评估	短期目标（2007 年）
饮用水	细菌实际来源（12 个市供水源）	#	4	4	0	0		0
	长期目标完成度 100%							
	浊度/浓度（达到 DOH 标准的市供水源）	#	0	6	6	12		9
	长期目标完成度 67%							
	无收益水源（系统丢失）	%	60	57.6	55	20		35
	长期目标完成度 10%							

续表

资源	指标	计量单位	基准值（2004年）	当前值（2006年）	短期目标（2006年）	长期目标（2015年）	短期目标完成评估	短期目标（2007年）
森林覆盖率（海岸地带）	覆盖面积/重新造林	HA	550	553.7	555	600		560
	长期目标完成度8%							
成材木/果树	新树苗种植	#	0	4279	4000	20000		6000
	长期目标完成度21%							
	存活率	%	0	75	70	70		70
	长期目标完成度>100%							
珊瑚礁/海草床	海洋保护区包含的	#	5	7	7	12		9
	长期目标完成度29%							
	珊瑚&海草的覆盖率	%	40	41	45	70		48
	长期目标完成度3%							
	现有的海洋保护区	HA	196	240	222	287		260
	长期目标完成度48%							

资源	指标	计量单位	基准值（2004 年）	当前值（2006 年）	短期目标（2006 年）	长期目标（2015 年）	短期目标完成评估	短期目标（2007 年）
采石场原料	无采石场许可证		50	50	45	0		35
	长期目标完成度 0%							
	替代生计项目	%	0	0	2	6		5
	长期目标完成度 0%							
良好的建筑环境	每吨/立方米的剩余固体废弃物的减少率	%	0	49.19	5	30		10
	长期目标完成度＞100%							
	拆迁隔离	%	0	80.6	15	98		90
	长期目标完成度 90%							

参考文献

［1］ Konrad Otto – Zimmermann. Managing Environ - mental Quality and the Use of Natural Resources with Eco - budget ［M］. Rio de Janeiro：ICLEI, 2010：2-4.

［2］郝韦霞. 英国刘易斯市实施生态预算的经验借鉴 ［J］. 理论与改革, 2010（2）：68-70.

［3］徐莉萍, 王雄武. 生态预算模式在中国的价值实现研究 ［J］. 中国人口·资源与环境, 2010（12）：87-91.

［4］李姣妤. 政府生态预算绩效评价研究 ［D］. 湖南大学硕士学位论文, 2013.

［5］Martin Enderle, Volker Stelzer, 姚力群. 生态预算——地方当局在自然条件范围内的消费 ［J］. 产业与环境（中文版）, 2001（Z1）：84-88.

［6］徐莉萍, 蔡雅欣, 李姣妤. 生态财政转移支付制度研究 ［A］//中国可持续发展研究会. 2012 中国可持续发展论坛 2012 年专刊（一）［C］. 中国可持续发展研究会, 2013：6.

［7］郝韦霞, 滕立. 生态预算：预算平衡理论在自然资源领域中的试用 ［J］. 生态经济, 2005（4）：39-41.

［8］刘美，陈林剑，屠霄霞. 生态预算在我国城市的应用分析［J］. 福建论坛（社会科学教育版），2009（12）：97-98.

［9］郝韦霞. 软约束机制下的生态预算理论的问题及对策［J］. 生态环境学报，2010（12）：3021-3024.

［10］郝韦霞. 现实文化与生态预算制度选择［J］. 江苏广播电视大学学报，2011（2）：61-63.

［11］郝韦霞. 我国环境保护目标责任制的构想——基于生态预算角度［J］. 郑州航空工业管理学院学报，2011（1）：122-124.

［12］郝韦霞. 意大利费拉拉市实施生态预算的经验借鉴［J］. 现代城市研究，2013（2）：107-110.

［13］徐莉萍，蔡雅欣. 地方政府生态资产负债表结构框架设计研究［J］. 会计之友，2015（18）：62-68.

［14］郝韦霞. 城市环境管理的生态预算模式研究［D］. 大连理工大学博士学位论文，2006.

［15］郝韦霞，滕立. 生态预算的理论与实践［M］. 郑州：郑州大学出版社，2015.

［16］宇鹏，周敬宣，李湘梅. 战略环境评价中的生态预算方法研究——以武汉市为例［J］. 资源科学，2009（4）：663-668.

［17］徐莉萍，孙文明. 主体功能区生态预算系统：环境、结构与合作［J］. 经济学家，2013（9）：43-51.

［18］孙文明. 基于主体功能区生态预算合作的财务信息披露研究［D］. 湖南大学硕士学位论文，2014.

［19］徐莉萍，李姣妤，张艳纯. 政府生态预算绩效评价调查研究——基于问卷调查的实证分析［J］. 会计研究，2012（12）：74-80，95.

［20］石意如. 主体功能区生态预算绩效评价基本框架研究［J］. 经济问题，2015（4）：116-120.

［21］石意如. 主体功能区生态预算流程绩效评价研究［J］. 广西社会科学，2015（2）：66-72.

［22］石意如. 主体功能区生态预算绩效报告模式构建［J］. 财会月刊，2015（11）：36-38.

［23］石意如. 主体功能区生态预算 DSR 评价体系的构建［J］. 财会月刊，2016（33）：58-62.

［24］凌志雄，刘芳. 主体功能区政府生态环境预算绩效评价研究［J］. 湖南社会科学，2016（1）：120-125.

［25］胡巍. 基于生态预算的企业预算管理改进研究［D］. 湖南大学硕士学位论文，2008.

［26］向鲜花. 基于产品生命周期的作业生态预算基本框架研究［J］. 财会月刊，2011（8）：40-42.

［27］王长生. 基于生态预算导向的企业预算管理研究［J］. 财会通讯，2014（5）：89-91.

［28］李云燕. 基于生态服务价值评估的北京市生态涵养区生态补偿机制探讨［A］// 中华环保联合会，联合国环境规划署. 第十届环境与发展论坛论文集［C］. 中华环保联合会，联合国环境规划署，2014：10.

［29］汪海燕，李志荣，李伟伟. 北京生态涵养发展

区农民增收长效机制研究［J］. 安徽农业科学, 2011
(8): 4918-4921.

［30］杜洪燕, 武晋. 生态补偿项目对缓解贫困的影
响分析——基于农户异质性的视角［J］. 北京社会科学,
2016 (1): 121-128.

［31］袁顺全, 王锐, 韩洁, 张俊峰, 李鹏, 马兴,
曹婧. 适合生态涵养区农业发展的林下经济模式——以
北京市怀柔区为例［J］. 中国食物与营养, 2010 (11):
26-29.

［32］潘悦. 初探生态经济发展模式——以北京市延
庆县为例［J］. 现代商业, 2014 (11): 57-58.

［33］高严. 生态预算: 基于预算管理改进角度的思
考［J］. 生态经济, 2008 (6): 90-92, 95.

［34］庞永真. 构建主体功能区生态预算系统研究
［J］. 经济师, 2015 (2): 20-21.

［35］郝韦霞. 基于复杂适应系统理论的生态预算在
我国的适应性演化研究［J］. 系统科学学报, 2015
(2): 94-97.

［36］池俊炫. 浅论城市环境管理的生态预算模式
［J］. 资源节约与环保, 2015 (5): 159.

［37］王发明, 宋雅静, 孙滕云. 国外城市生态预算
的理论与实践［J］. 城市问题, 2013 (4): 89-92.

［38］张艳秋. 生态预算文献述评［J］. 当代会计,
2016 (11): 10-11.

［39］Cristina Garaillo. Eco - Budget as a Strategic

Assessment Instrument〔J〕. Forum European Conference for Sustain-able Cities & Towns, 2004.

〔40〕Environmental Protection Agency. National Estuary Program Evaluation Guidance〔Z〕. 2007.

〔41〕Therese Andersson. Comparing ISO14001 and ecoBUDGET as Models for Environmental Management Systems in Municipal Environmental Management〔D〕. Master of Science Thesis, Environmental Science Programme, 2003: 19-21.

〔42〕ICLEI. ecoBUDGET Webcentre〔EB/OL〕. http://www. ecoBUDGET. org.

〔43〕赵成美. 论生态经济学主流化的障碍〔J〕. 生态经济, 2007 (8): 46-51.

〔44〕沈满洪. 生态经济学的定义、范畴与规律〔J〕. 生态经济, 2009 (1): 42-47, 182.

〔45〕诸大建. 生态经济学: 可持续发展的经济学和管理学〔J〕. 中国科学院院刊, 2008 (6): 520-530.

〔46〕张震, 李长胜. 生态经济学: 理论与实践〔M〕. 北京: 经济科学出版社, 2016.

〔47〕王维国, 林昊. 预算平衡机制的转变及其监督〔J〕. 人大研究, 2016 (5): 18-21.

〔48〕郝宇彪. 财政预算理念: 演变、影响与重构——基于美国财政收支变迁的分析〔J〕. 经济社会体制比较, 2014 (6): 126-134.

〔49〕齐红倩, 王志涛. 生态经济学发展的逻辑及其

趋势特征 ［J］. 中国人口·资源与环境，2016（7）：101-109.

　　［50］门头沟区统计局. 北京市门头沟区统计年鉴 ［M］. 北京：中国统计出版社，2014~2018.

　　［51］怀柔区统计局. 北京市怀柔区统计年鉴 ［M］. 北京：中国统计出版社，2014~2018.

　　［52］平谷区统计局. 北京市平谷区统计年鉴 ［M］. 北京：中国统计出版社，2014~2018.

　　［53］密云区统计局. 北京市密云区统计年鉴 ［M］. 北京：中国统计出版社，2014~2018.

　　［54］延庆区统计局. 北京市延庆区统计年鉴 ［M］. 北京：中国统计出版社，2014~2018.

　　［55］北京市统计局. 北京统计年鉴 ［M］. 北京：中国统计出版社，2014~2018.